한국
술
열전

한국술열전 유니콘 양조장 발굴기

초판 1쇄 발행 2022년 12월 28일
초판 2쇄 발행 2023년 1월 18일

지은이 박순욱
술 테이스팅 이승훈 전진아 이대형
펴낸이 황윤억
편집자문 정석태 신우창 이승훈 김재형
책임편집 김순미
편집 황인재 하민주
디자인 이윤임
경영지원 박진주

인쇄 우리피앤에스
주소 서울 서초구 남부순환로 333길 36 4층(서초동, 해원빌딩)
전자우편 gold4271@naver.com **팩스** 02-6120-0257
문의전화 02-6120-0258(편집), 02-6120-0259(마케팅)

발행처 헬스레터/(주)에이치링크
출판신고 2012년 9월 14일(제2015-225호)

글, 사진 ⓒ 박순욱 2022
이 도서는 방일영문화재단의 '2021년 언론인 저술지원' 사업 선정작입니다.

값 30,000원
ISBN 979-11-91813-08-1-03590

한국 술 열전

유니콘 양조장 발굴기

| 박순욱 지음 |

유니콘 양조장 발굴기

《한국술 열전》은 필자가 2019년 6월부터 조선비즈에 연재 중인 '박순욱의 술기행'에서 소개된 80여 개 양조장 중 22곳을 추려서 엮은 책이다. 연재 당시의 글은 출판을 앞두고 거의 다 새로 썼다. 기사 게재 시기와 출판 시점이 꽤 차이가 나, 내용을 수정할 곳이 많았기 때문이다.

이 책은 두 그룹의 독자를 염두에 두고 썼다. 첫째는, 막걸리 같은 우리 술을 즐겨 마시는 소비자들에게, '안주'용 콘텐츠를 제공한다는 생각에서 집필했다. '아는 만큼 보인다' 하지 않던가? 내가 마시는 술이 어떤 원료로 만들어졌는지, 또 남다른 제조법을 비롯해 그 술의 탄생 비화 등을 알고 마시면 이보다 훌륭한 안주가 또 어디 있겠는가? '천연의 단맛'으로 유명한 해창 막걸리는 찹쌀로 고두밥을 지어, 다시 물로 한 번 씻은 뒤에 술을 빚는다는 사실을 알고 있는 애주가는 드물 것이다. 밥알에 붙은 단백질, 지방 가루를 물로 털어내서, 막걸리의 텁텁함을 줄이기 위해서다.
더욱이 요즘 주류문화가 '혼술·홈술'로 바뀌어감에 따라, 젊은 층도 우리 농산물로 빚은 전통주를 찾는 경향이 뚜렷해지고 있다. 그래서 한국술 중에서도 판매가 잘되거나 스토리가 탄탄한 양조장을 주로 소개한 이 책이 요즘 술 시장 트렌드와 잘 맞아떨어질 것이라는 기대도 갖고 있다.

두 번째 염두에 둔 독자는 전통술 예비 창업자다. 서울 서초동 발효아카데미센터와 효자동 한국전통주연구소, 방배동 한국가양주연구소 등 전통주 교육기관에는 우리 술을 배우는 젊은이들로 넘쳐난다. 이들 중에는 취미 차원에서 전통주를 배우는 이들도 많지만, 양조장 창업에까지 이르는 경우도 적지 않다. 요즘 전통주 시장에 새 바람을 일으키는 주역은 대부분 20~30대들이다.

이 책이 전통주 양조장 창업을 준비하는 이들에게 길라잡이 역할을 하지 않을까 감히 생각한다. '선배' 창업자들이 어떤 꿈을 갖고 양조장을 차렸고, 양조장 설립 후, 본인이 원하는 수준의 술을 빚기까지 겪었던 숱한 시행착오를 민낯으로 보여주는 게 책 내용의 대부분이다. 양조장을 차리고도, 약주 하나 만드는 데 10년이 걸려, 도중에 주류면허를 반납해야 했던 양조장 대표를 아는가? 다 만든 술의 품질이 마음에 들지 않아, 2만 병이 넘는 값비싼 술을 쏟아버린 양조장 대표도 있다. 예비 창업자들이 어떤 마음으로 양조장을 준비할지, 또 어떤 스타일의 술을 개발할지에 대해 이 책이 가이드 역할을 할 것으로 생각한다.

인터넷 SNS를 뜨겁게 달구며 화제를 모으고 있는 술의 탄생 스토리를, 양조장 대표의 육성을 통해, 직접 보고 듣는 취재는 늘 행복했다. 독자들도 이 책을 읽으며, 혹은 이 책에 소개된 술을 맛보며, 가상의 양조장 투어를 했으면 하는 마음 간절하다.

2022년 12월
광화문에서

22개 양조장 술맛을 보다

_이승훈, 전진아, 이대형

국내 최고의 전통주 전문가 3인이 《한국술 열전》에 소개된 22개 양조장을 대표하는 술, 22병을 한자리에서 시음, 평가했다. 시음에 참가한 전통주 전문가는 국내 최대 규모 전통주 전문점인 백곰막걸리 이승훈 대표, 국가대표 전통주소믈리에 우승 경력(2011년)의 전진아 다울프렌즈 대표, 그리고 경기도농업기술원의 농업연구사(전통주 연구) 이대형 박사 3인이다.

백곰막걸리 이 대표는 발효아카데미센터, 한국가양주연구소, 막걸리학교 등 전통주 교육기관에서 전통주 트렌드를 주제로 한 인기 강사로 활동하고 있다. '전통주 업계 최고의 마당발'로 통하는 그는 전통주전문점협의회 대표도 맡아 전통주점은 물론 나아가 전통주 시장 활성화에도 적극 나서고 있다.

농촌진흥청 발효가공식품과 연구원 출신의 전 대표는 경희대 조리외식경영학과 박사학위를 받은 전통주 업계에 몇 안 되는 박사다. 다양한 전통주의 향, 맛은 물론 입안에서 느끼는 질감의 차이 등 미세한 부분까지 감별해, 각종 전통주 시음행사에 단골 패널로 활동하고 있다. 대표를 맡고 있는 다울프렌즈는 전통주 컨설팅 및 홍보 전문 회사다.

이대형 농업연구사는 양조 전문가다. 정부가 주관하는 우리술 품평회에서 자신이 개발한 산양삼막걸리(대통령상), 허니와인(대상)이 최고상을 수상했다. 전통주 전문기업인 배상면주가에서 연구원으로 전통주 업계에 입문했다. 미

22개 양조장 대표 술을 시음한 전통주 전문가들. 왼쪽부터 경기도농업기술원 이대형 농업연구사, 다울 프렌즈 전진아 대표, 백곰막걸리 이승훈 대표. 시음자 앞에 놓인 술들이 이날 시음한 22개 양조장 대표 술들.

래창조과학부로부터 과학기술진흥 대통령상을 받은 데 이어, 2016년에는 행정자치부 '전통주의 달인' 상을 수상했다. 언론매체에 전통주 칼럼도 꾸준히 게재하고 있다. 최근 《술자리보다 재미있는 우리술》 단행본을 펴냈다.

시음 행사는 백곰막걸리 이승훈 대표가 주도했다. 시음할 22개 양조장의 대표 술 선정은 물론 시음용 술 마련도 이 대표 혼자서 했다. 시음도 자신의 업장인 백곰막걸리에서 진행했다. 서울 신사동 소재의 백곰막걸리가 매주 휴무하는 일요일 저녁에 3인의 전통주 전문가, 그리고 필자 모두 4인이 시음에 참가했다.

지평생막걸리(알코올 도수 5도), 서울장수막걸리(6도), 느린마을막걸리(6도), 해창막걸리(6도), 나루생막걸리(6도), 우렁이쌀막걸리(7.5도), 서울(7.5도), 금정산성막걸리(8도), 백걸리(14도), 오미자생막걸리(6.5도) 등 막걸리 10종을 비롯해 22가지의 술을 조금씩 모두 마시는 동안 함께 먹은 유일한 안주는 '식빵'이었다. 이때 진행된 22개 술의 시음 평가는 해당 양조장의 첫 페이지에 실었다. 이 책을 읽으면서 각기 다른 개성을 가진 전통주들을 좀 더 생생하게 느끼길 바란다.

004   작가의 말 _ 유니콘 양조장 발굴기
006   한국술 시음기 _ 22개 양조장의 술맛을 보다

part 1
한국 최고의 막걸리를 만드는 사람들

012   막걸리계의 새 바람, 한강주조 고성용 대표
028   마케팅 감각이 탁월한 해창주조장 오병인 대표
044   막걸리 트렌드를 주도한 배상면주가 배영호 대표
060   과일 막걸리 시대를 연 문경주조 홍승희 대표
078   막걸리 대중화에 앞장선 서울장수막걸리 장재준 회장
094   매출 상승의 신화, 지평주조 김기환 대표
110   100년 역사를 잇는 양촌양조 이동중 대표

part 2
술보다 더 맛깔나는 양조인 이야기

126   바이올리니스트에서 술 장인으로, 더한주류 한정희 대표
142   IT기업 대표에서 밀농사 짓는 양조인으로, 맹개술도가 박성호 이사
158   SK하이닉스 사장에서 증류주 생산자로, 스마트브루어리 오세용 대표
174   외식업계 대부의 도전, 백술도가 백종원 대표

part 3

해외로 뻗어나가는 한국술

194   오미자 스파클링 와인 만든 오미나라 이종기 대표

212   한국술의 세계화 이끄는 화요 문세희 대표

226   싱글몰트 위스키로 세계 공략한 쓰리소사이어티스 도정한 대표

part 4

내 누룩 없이 내 술 없다, 누룩 장인들

244   녹두 넣은 향온국으로 술 빚는 화양 이한상 대표

260   맑은 신맛의 '한영석 청명주' 개발, 한영석의 발효연구소 한영석 대표

276   산미(酸味) 누룩향 계보 잇는 금정산성토산주 유청길 명인

292   쌀로 띄운 설화곡 개발한 서울양조장 류인수 대표

part 5

명인 열전

310   조선 3대 명주, 전주이강주 조정형 명인

326   평양 소주의 맥을 잇는 문배술, 문배주양조원 이기춘 명인

342   대한민국 대표 전통 소주, 명인안동소주 박찬관 대표

356   황희 정승 가문의 제주(약주), 호산춘(湖山春) 황수상 대표

"맥주, 소주 그 어떤 술과 비교해도

막걸리는 4차 산업혁명시대와 딱 맞는 술입니다.

막걸리는 21세기의 대표적 술이 될 것이라고 봐요.

21세기 개성 있는 소비 트렌드와 맞는 술로, 막걸리만 한 게 없죠.

젊은 소비자들의 다양한 감성을 충족시켜줄 수 있는 술은 막걸리뿐입니다."

배상면주가 배영호 대표 인터뷰에서

한국 최고의 막걸리를 만드는 사람들

제품명, 제조장	**나루생막걸리(6도)** 한강주조
색상, 질감	옅은 아이보리 탁도가 약하다.
향	참외, 단향이 있다. 배, 곡물, 풀향
맛	단맛, 쓴맛이 있다. 신맛은 적다. 부드러운 목넘김. 탄산감 없고, 밀키함이 있다.

나루생막걸리 6도

서울의 지역특산주 양조장인 한강주조가 만드는 막걸리로, 감미료를 전혀 넣지 않고도 대중적인 알코올 도수인 6도를 유지한 술. 그만큼 쌀 함유량이 높다는 얘기다. 서울장수막걸리의 특징인 탄산감은 가급적 배제하고 산미와 단맛의 밸런스에 집중한 막걸리다. 효모가 살아 숨쉬는 생막걸리이면서도 병입발효가 최소화하도록, 다시 말해 탄산이 적게 생기도록 공정관리를 한 덕분에 날짜가 꽤 지나서도 탄산이 비교적 늦게, 그것도 적게 생기는 것이 특징이다. 935ml 한 병에 7,000원선. 한강주조가 만드는 또 다른 막걸리 표문막걸리는 500ml에 3,500원. 나루생막걸리는 삼양주, 표문은 이양주다. 그래서 나루생막걸리는 상대적으로 다소 묵직하고 단맛이 있는 반면, 표문막걸리는 다소 가볍고 뒷맛이 더 깔끔하다.

한강주조 고성용 대표

홍대입구 다음으로 젊은이들이 많이 몰린다는 서울 성수동에 자리한 한강나루 양조장. 그곳에서 만난 고성용 대표와 이상욱 이사는 반바지 차림이었다. 7월 무더위 탓도 있었지만 연일 고두밥을 찌고, 발효시키고, 마지막 공정으로 병입하느라 땀이 식을 틈도 없어 보였다.

2019년 설립 당시보다 양조장 규모는 두 배로 불어나 있었고, 전에 없던 양조설비들도 눈에 띄었다. 2층 양조장에서 발효탱크 다음으로 가장 많은 공간을 차지하는 고두밥 냉각기는 고두밥을 일정한 온도로 신속하게 냉각시키는 장치로, 막걸리 맛의 균일화에 도움을 주고 있다고 했다. 필자가 현장에 도착한 시각에는 이미 생산 공정이 끝나 여러 직원이 다음날을 위해 고두밥 냉각기를 세척하고 있었다. 막걸리 생산(병입)은 낮에 기온이 더 올라가는 점을 감안해, 대개 오전 10시 이전에 마무리된다.

두 명의 청년이 서울 쌀로 만든
'한강나루막걸리'

2019년 6월, 100% 서울 쌀로 만든 '나루생막걸리(6도)'를 내놓은 한강주조 양조장은 2021년 정부가 주최한 '우리술 품평회'에서 막걸리 부문 대상을 받았다. 나루막걸리는 알코올 도수 6도라는 대중적인 알코올 함량을 유지하면서도 인공감미료를 전혀 넣지 않아 출시하자마자 젊은 층을 중심으로 폭발적인 인기를 끌고 있다. 국내 최대 전통주 전문주점인 백곰막걸리(서울 압구정로데오거리 소재) 자체 집계에 의하면, 나루생막걸리는 막걸리 부문 연간 판매 순위 1위인 '탄산막걸리' 복순도가 손막걸리를 빼고는 가장 많이 팔린 막걸리라고 한다. 2022년 현재, 나루 6도는 이마트, 홈플러스, 롯데마트 등 대형마트에도 입점해 있다.

2019년 출시 당시 고성용 대표는 필자와의 인터뷰에서 "생산량이 많지 않은 데다 아직 브랜드가 알려져 있지 않아 오프라인 유통은 엄두를 못내고 있다."고 말했지만, 불과 1년여 만에 대형마트 3사가 서로 '우리 먼저 달라'는 '핫한 막걸리'로 등극한 것이다.

설립한 지 2년도 채 지나지 않은 신생 양조장, 그것도 30대 청년 둘이서 만든 상업양조장이 국내 최고의 권위를 가진 우리술 품평회에서 막걸리 부문 최고상을 받은 것을, 전통주 업계에서는 의외로 받아들인다. 그동안 막걸리 부문 최고상은 알코올 도수가 10도 이상인 프리미엄 막걸리들이 주로 수상했던 것과도 대비된다.

한강주조 양조장은 고성용 대표, 이상욱 이사 이렇게 30대 청년 둘이(처음에는 네 명이 시작했다가 두 명은 독립하여 별도의 양조장을 설립했다.) "희석식 소주 말고 제대로 된 우리 술을 만들어보자."며 의기투합해 만들었다. 고성용 대표는 양조장 창업 전, 서울 성수동에서 카페를 했고, 이상욱 이사는 건축가 출신이다. 이들은 전통술 교육기관인 한국가양주연구소에서 술 빚기를 배웠다.

한강주조는 나루 6도 막걸리 외에 나루 11.5도 제품도 내놓았으며, 2021년 4월부터는 곰표 밀가루로 유명한 대한제분과 협업한 '표문막걸

1 나루생막걸리 병입 공정. 2 한강주조 주요 제품들. 왼쪽부터 표문막걸리, 나루생막걸리 11.5도, 6도.

리'(6도)로 대박을 치고 있다. 고성용 대표는 "막걸리 외에 약주도 사실상 개발을 끝냈지만, 워낙 막걸리 수요가 늘어나 약주 생산은 엄두도 못 내고 있다."고 했다.

<h2 style="text-align:center">탄산을 최대한 줄여
단맛과 신맛의 '조화'를 찾다</h2>

'국민 막걸리'라고도 불리는 서울장수막걸리가 탄산이 들어간 청량감을 강조한 것과 달리, 나루막걸리는 탄산을 최대한 억제시켜 단맛과 신맛의 조화를 가장 큰 가치로 친다. 무엇보다 감미료를 전혀 넣지 않아 쌀

본연의 단맛을 소비자들이 느끼도록 만든 술이다. 감미료를 넣지 않는 대신, 쌀 함유량은 일반 막걸리의 두 배 이상이다. 그러면서도 저렴한 페트병을 용기로 채택, '착한 가격'으로 대중에 다가갔다. 나루 6도는 935ml 한 병의 소비자 가격이 7,000원이다(2022년 기준). 장수막걸리보다는 많이 비싸지만, 1만 원을 훌쩍 넘기는 프리미엄 탁주에 비해서는 비교적 가격이 착하다. 용량(935ml)도 일반 막걸리(750ml)에 비해 30% 정도 더 많다.

한강나루는 개발 당시부터 맛에 가장 유념했다고 한다. 고성용 대표는 "산미와 단맛의 밸런스가 좋은 술, 목넘김이 좋은 술을 만들어, 술 마니아부터 막걸리 입문자까지 다양한 소비자들이 즐기도록 하고 싶었다."고 했다. 개발 과정에서 수백 번의 레시피 수정이 이뤄진 것도 그 때문이다.

이렇게 만들어진 나루생막걸리는 2019년 출시 초기부터 전문가들로부터 호평을 받았다. '술박사'인 경기도농업기술원의 이대형 연구원은 진작부터 나루의 잠재력을 이렇게 평가했다.

"(나루생막걸리는) 알코올 도수 6도로 만들어져서 걸쭉하지 않으면서도 너무 가볍지 않은 목넘김을 가지고 있습니다. 쌀이 가진 곡물의 단맛을 잘 끌어내 너무 달지 않아 마시기에 부담이 없지요. 특히 막걸리가 내는 향이 저온에서보다는 상온에서 도드라졌는데 첫 모금에는 바닐라 향과 함께 단 향이 강했고, 조금 온도가 오른 뒤 마셔보니, 이번에는 사과, 청포도 같은 과실 향이 느껴졌어요. 전체적인 밸런스에서 신맛이 약한 것이 아쉽지만, 6도의 수제 막걸리로는 정말 괜찮은 품질이라고 생각합니다."

　나루생막걸리가 일반 막걸리와 크게 다른 점 중 하나가 탄산이 많이 생기지 않는다는 사실이다. 탄산은 왜 생길까? 술이 되기 위해서는 당분이 알코올로 바뀌는 발효가 필수적인데, 이때 술 속의 효모가 당분을 먹고 알코올과 함께 토해내는 것이 이산화탄소, 즉 탄산이다. 그렇다고 탄산이 부정적인 것은 아니다. 스파클링와인, 맥주처럼 탄산이 주는 청량감이 포인트인 술들도 많다. 하지만 한강주조 측은 탄산이 강하면, 단맛과 신맛의 조화가 깨진다고 보고, 탄산 생성을 최대한 억제했다.

　문제는 탄산이 발생하는 발효과정이 병입 전 발효탱크에서만 진행되는 게 아니라는 사실이다. 일부를 제외한 대부분의 막걸리는 신선함을 유지하기 위해, 살균처리를 하지 않은 생막걸리다. 그러다 보니, 막걸리 병 속에서도 효모가 일부 살아 있어 막걸리 속의 당분을 먹고 알코올과 탄산을 만들어낸다. 병입 상태에서 발효가 진행된다고 해서 이를 '병입 발효' 혹은 '후발효'라 칭한다. 그래서 막걸리는 갓 출시한 것이 가장 단맛이 강하고 탄산은 약한 반면에, 시간이 지남에 따라 병 속에서 후발효가 진행돼 단맛은 줄어들고 탄산은 강해지는 것이다.

　그런데 한강주조의 나루생막걸리는 날짜가 꽤 지나서도 탄산이 비교적 늦게, 그것도 적게 생긴다는 게 양조장 측의 설명이다. 고성용 대표의 설명이다.

　"일반적인 막걸리의 문제점 중 하나가 병입 상태에서 후발효가 일어나면서 탄산이 생겨, 심하면 막걸리병이 빵빵해지는 경우가 많아요. 하지만 나루생막걸리는 유통과정에서 냉장보관만 유지된다면, 시간이 많이 지나더라도 탄산이 그렇게 많이 올라오지는 않아요. 후발효를 최대한 억제시킬 수 있는 환경에서 술을 만들었기 때문입니다. 그것이 우리의 핵심기술이지요.

생막걸리에는 기본적으로 효모가 살아 있어요. 그래서 병입 발효가 어느 정도 진행될 수밖에 없지요. 효모를 없애는 살균처리를 하지 않았기 때문입니다. 신선함을 살리기 위해 살균처리를 하지 않아요. 나루막걸리 또한 병입 상태에서 탄산이 전혀 안 생기는 것은 아니지만, 다른 막걸리에 비해 탄산이 늦게 생겨요.

우리는 탱크에서 발효가 끝날 즈음에 효모의 활성화를 억제시킬 수 있는 발효 환경을 만들었습니다. 더 구체적으로는 얘기하기 어렵지만, 저희만의 노하우가 있어요. 물을 타지 않은 원주 자체도 효모 활성화가 둔화돼 있고, 병입을 한 후에라도 효모가 왕성하게 활동하지는 않도록 하고 있죠. 발효억제제 같은 첨가물을 쓰지는 않고 병 안에 있는 효모의 활동을 저하시키도록 노력하죠. 발효공정을 컨트롤하는 것만으로 후발효 억제가 가능하도록 해요. 온도, 효모의 종류, 또 효모와 당도와의 상관관계, 막걸리의 알코올 도수 등, 후발효에 영향을 끼치는 요인들이 복합적이므로, 이런 부분을 전반적으로 잘 컨트롤해 후발효가 최대한 덜 생기도록 하는 거예요. 이게 핵심기술이에요. 너무 디테일하게 들어가면 생산 노하우가 다 노출되기 때문에 더 자세한 설명은 곤란합니다.

양조장에서 막 만든 생짜배기 나루막걸리와 열흘이 지난 나루생막걸리는 당연히 똑같은 맛은 아니겠지만 맛의 변화를 최소화시키려고 애씁니다. 탄산이 조금씩 올라가고, 단맛이 약간 줄어드는 것은 어쩔 수 없어요. 하지만 이런 변화를 최소화시키도록 술을 만들었습니다. 나루막걸리 유통기한은 한 달입니다."

그렇다면 한강주조 제품들은 얼마나 잘 팔릴까? 2022년 현재 가장 많이 팔리는 제품은 2021년 4월에 나온 표문막걸리(6도, 500ml)다. 월 3만 병이 팔린다고 한다. 같은 알코올 도수인 나루생막걸리(935ml)는 2만 병, 나루 11.5도(500ml)는 2,000~3,000병 팔린다. 소비자 가격은 표문막걸리가 3,500원, 나루 6도 7,000원, 나루 11.5도는 11,000원이다.

대한제분과의 콜라보,
표문막걸리

그런데 출시한 지 넉 달도 안 된 막걸리가 가장 많이 팔리다니? 그리고 도대체 표문이 무슨 뜻일까? 표문막걸리는 한강주조가 곰표 밀가루 생산업체인 대한제분과 협업해 만든 일종의 콜라보 제품이다. 표문을 거꾸로 보면 곰표가 된다.

표문막걸리와 나루막걸리는 알코올 도수가 6도로 같다. 같은 용량 기준으로 가격도 비슷하다. 재료 차이도 없다. 둘 다 서울 쌀인 경복궁 쌀로 빚고 누룩도 같은 밀누룩을 쓴다. 그렇다면 나루와 표문의 차이는 무엇일까?

우선 제조법인 레시피가 달라, 맛 자체가 다르다는 게 한강주조 측 설명이다. 한강주조 이상욱 이사의 설명이다.

"표문은 작년에 일 년 정도 준비를 했어요. 대한제분 측 관계자와 우리가 맛에 대한 콘셉트를 함께 정하고, 그걸 찾기 위해 수많은 테스트를 거쳤지요. 우리가 추구한 콘셉트는 '누룩을 많이 써서, 밀누룩이 갖고 있는 향미를 최대한 살리자. 다만 MZ세대들이 즐길 수 있도록 달콤하고, 부드럽고, 피니쉬는 딱 떨어졌으면 좋겠다는 것'이었어요. 깔끔한 뒷맛을 강조했죠.

레시피상 두드러진 차이점은 표문은 두 번 담금하는 이양주, 나루는 세 번 담금하는 삼양주라는 사실입니다. 표문이 이양주를 선택한 것은 깔끔한 피니쉬 때문이에요. 이걸 일반화할 수는 없지만, 우리는 그걸(깔끔한 피니쉬) 염두에 두고 표문을 이양주로 만들었어요. 삼양주는 상대적으로 끈적끈적하고 진한 맛이 있다고 봅니다. 담금을 한 번 더 하기 때문에 쌀 함유량도 약간 더 많아요. 이양주는 상대적으로 가벼운 반면 삼양주는 묵직하고 단맛도 더 있어요. 그렇다고 삼양주와 이양주의 차이 때문만으로 맛에 차이가 있다고 단정적으로 말하긴 어려워요. 물 함유량 등 다양한 변수가 있기 때문입니다."

같은 도수이지만 나루 6도는 다소 묵직하고 단맛이 있는 반면, 표문 6도는 다소 맛이 가벼워서 뒷맛이 더 깔끔한 차이점이 있다는 설명이다. 또 다른 차이점은 용량이다. 표문은 500ml라 혼술, 혹은 2인이 마시기에 적당하다. 935ml인 나루는 표문보다 거의 두 배나 많아 여럿이 마실 때 더 좋다.

표문은 전량 온라인으로 판매하는데 하루 판매량인 1,000병은 온라인에 올리자마자 일 분여 만에 다 소진된다고 한다. 그렇다고 해서 표문막걸리 판매량을 늘리기는 쉽지 않다. 현재는 성수동 양조장에서 격일로 나루와 표문막걸리를 생산하고 있는 형편이라, 생산설비를 획기적으로 늘리지 않는 한, 월 3만 병 이상 생산하기가 어렵다. 고성용 대표는 "성수동 양조장에서 차로 한 시간 내에 있는 수도권에 제2양조장을 새로 짓는 걸 고민하고 있다."며 "그럴 경우, 현재보다 생산능력이 크게 개선될 것."이라고 말했다.

한강주조는 출범 당시에는 없던 고두밥 냉각기를 새로 들여와 가동 중이다. 이전에는 고두밥을 쪄서 삽자루로 넓은 평상(트레이)에 옮겨 선풍기를 틀면서 자연 냉각시켰다. 이 과정에서 고두밥이 고루 냉각되도록 주걱으로 밥을 여러 번 뒤집어줘야 했다. 그러나 사람 손이 하다 보니 고두밥을 똑같이 일정 온도로 식히기가 어려웠고, 이런 이유로 막걸리를 생산할 때마다 미세하게나마 맛의 편차가 있었다. 게다가 고두밥 식히는 데 시간도 많이 걸렸다.

이 같은 고민이 고두밥 냉각기 도입으로 한 번에 해결됐다. 이제는 고두밥을 찌자마자 냉각기에 넣기만 하면 끝이다. 기계가 자동으로 고루 섞어 컨베이어벨트로 보내 급속냉각시킨다. 기계 도입 전에는 담금 한 번 할 때마다 고두밥 식히는 데 2시간 이상 걸렸으나 이제는 30분가량 걸린다고 한다. 시간이 서너 배 이상 단축된 것이다.

또 고두밥을 일정 온도로 균일하게 식혀주므로 발효를 컨트롤하기도 편하고, 술맛도 훨씬 안정화됐다는 게 한강주조 측 설명이다.

틈새시장 공략이 아니라
없는 시장 만들기로

백곰막걸리 이승훈 대표는 일찍이 나루막걸리의 조기 안착은 틈새시장을 잘 공략한 전략 덕분이라고 했다.

"시중에 나와 있는 프리미엄 탁주들은 알코올 도수가 대개 10도가 넘고 가격도 1만~2만 원대입니다. 그 밑으로는 가격이 뚝 떨어지는 알코올 도수 5~6도의 저가 막걸리로, 한결같이 인공감미료를 사용하죠. 반면에 나루는 전략이 달랐어요. 알코올 도수는 대중 막걸리처럼 6도를 유지하면서도 고급 막걸리처럼 무감미료를 고수한 거죠. 유리병은 쓰지 않지만, 페트병 디자인은 독특하게 차별화(단순한 디자인)했어요. 가격도 고급 막걸리와 대중 막걸리의 중간에 포지셔닝시켜 새로운 시장을 개척했지요."

한강주조 이상욱 이사는 이런 지적에 대해 큰 틀에서는 동의하면서도 부분적으로 다른 의견을 피력했다.

"우선, 우리 제품을 스스로 프리미엄 막걸리라고 말하지는 않아요. '프리미엄'이란 단어를 거의 안 쓰는 편에 가깝죠. 우리 스스로, 우리 제품을 프리미엄이라고 해봤자 남들(일반 소비자)이 알아주는 것이 아니라는 생각에서이지요. 저가 막걸리에 비해 고급스러운 것은 맞아요. 쌀도 두 배 이상 들어가고, 단일 품종의 햅쌀을 사용하고, 감미료를 넣지 않는다는 점에서 그렇지요.

그런 점에서 틈새시장이라기보다는 '(이전에) 없는 시장'을 만들고 싶었어요. 고급 막걸리인 복순도가 막걸리는 1만 원이 넘었고, 해창막걸리도 가격이 그 정도였어요. 나머지는 병당 1,000원이 조금 넘는 장수막걸리와 큰 차이가 없었고요. 7,000~8,000원 가격대 막걸리가 별로 없었지요. 지금도 우리와 비슷한 가격대 제품은 흔치 않아요. 일 년에 200개 이상 생기는 소규모 양조장 하시는 분들은 아예 가격을 1만 원 이상 책정하는 경우가 많아요. 설비를 계속 키워나가면서, 상업양조의 길을 가는 우리와는 지향하는 바가 다르지요. 본인들이 만들고 싶은 술들을 소량 만들다 보니 가격대가 높을 수밖에 없어요. 대중화는 생각하지 않고 차별화를 고급화에만 두고 있지 않나 여겨집니다.

우리는 어떻게든 상업양조 규모를 키워보자는 생각이었어요. 가급적 '품질은 고급스럽게, 반면에 가격은 착하게 하자'는 생각입니다. 때문에 제조원가를 낮추기 위해 포장 용기는 다소 타협했어요. 비싼 유리병 대신 저가의 페트병을 사용하고 있지요. 하지만 나름대로 환경보호에는 신경을 씁니다. 신제품 표문은 환경부로부터 '재활용 최우수등급'을 받았어요. 그리고 비닐 겉포장재를 손으로 쉽게 제거할 수 있도록 했습니다."

한강주조는 서울 지역특산주 면허를 갖고 있다. '서울을 대표할 만한 지역 전통주가 크게 알려진 게 없다는 사실에 착안해, 서울에서 만든 재료로 서울 술을 만들자'는 게 한강주조의 출발점이었다.

나루생막걸리는 서울 경복궁쌀을 원료로 쓴다.
사진들은 경복궁쌀이 재배되는 서울 강서구의 논 풍경.

나루생막걸리, 표문막걸리의 원료로 쓴 쌀은 '경복궁쌀'이다. 수라배, 허브 등과 함께 서울을 대표하는 특산물이다. 경복궁쌀은 서울 강서구가 원산지로, 밥맛 좋기로 전국 최고로 꼽히는 김포쌀과 이웃사촌이다. 막걸리 이름 '나루'는 나루터에서 나온 말이다. 고성용 대표는 "나루터라는 장소는 과거에 사람들이 많이 모이는 곳이었고, 나루터는 배를 이용해서 강 이남에서 북으로, 동에서 서로 이동을 가능하게 해주는 역할을 해주었다."며 "우리가 만드는 술도 이와 비슷한 역할을 해주리라 기대하고 이름을 '나루'라고 지었다."고 했다.

나루 이름이 의미하는 "사람과 사람을 이어주고 싶다."는 그들의 목표는 아직 '미완성'이다. 한강주조 양조장이 있는 성수동은 좁은 건물의 2~3층에 생산시설과 창고를 터질 정도로 구겨 넣어 일반 소비자들은 양조장을 구경할 엄두도 못 낸다. "소비자들이 편하게 찾아와서, 힐링하는 공간도 마련하겠다."던 고성용 대표의 바람은 2년째 공수표다.

그러나 나루와 표문막걸리의 순항(판매 호조)이 꾸준히 이어지고 있어 한강주조의 제2양조장 설립이 '헛된 꿈'은 아닐 것으로 보인다. 무엇보다 새로 개발하고 있는 약주는 레시피까지 거의 완성돼 있지만, 성수동 양조장은 생산 능력이 안 되므로, 또 다른 공간이 필요한 시점이라는 점이다. 양조장 추가 건설이 현실로 성큼 다가온 셈이다. 고성용 대표는 "제2양조장이 지어지면, 이곳 성수동 양조장은 나루막걸리 한 제품에만 집중하고, 나머지 제품들은 새로 들어설 양조장에서 생산하려고 한다."며 "이럴 경우, 소비자들이 힐링할 수 있는 휴식 공간을 꼭 만들겠다."고 변함없는 의지를 밝혔다.

제품명, 제조장	**해창막걸리(6도)** 해창주조장
색상, 질감	진한 아이보리 노란색이 강한 아이보리. 탁도가 강하다.
향	사과, 곡물향 시트러스향 곡물의 향을 잘 끌어낸 술.
맛	신맛이 있고 쓴맛이 있다. 단맛이 강하다. 걸쭉하다. 밥알이 살아있는 느낌. 계절에 따라 술맛에 차이가 있다. 여름에는 시트러스, 겨울엔 단맛.

해창막걸리 6도

땅끝마을 전남 해남의 양조장 해창주조장이 만든 막걸리. 알코올 도수에 따라 유통 채널이 다르다. 6도는 식당, 주점용으로 주로 나가고, 9도와 12도는 온라인, 마트 등 일반 소비자 판매용이다. 15도는 골프장, 18도는 명절 때 백화점에서 취급한다.

해창막걸리 6도는 도수는 그리 높지 않지만, 찹쌀에서 오는 자연스런 단맛이 다른 막걸리와 확연한 차이를 준다. 식당 판매 가격도 1만 원이 넘지 않아 착한 편이지만, 취급 주점은 그리 많지 않다. 해창막걸리의 '기분 좋은 단맛' 비결은 유기농 찹쌀을 아낌없이 쓰고, 고두밥을 찌고 나서 찬물로 다시 한번 씻는 과정을 거친 덕분이 크다. 고두밥 밥알에 남아있는 단백질과 지질 가루를 물로 씻어내 맛이 깔끔하다.

마케팅 감각이 탁월한
해창주조장 오병인 대표

비밀의 정원, 환상의 정원이 있다면 이런 곳이 아닐까? 전국의 양조장을 적잖이 가 봤지만, 이곳만큼 양조장 주변 조경을 잘 꾸며놓은 곳은 여태 보지 못했다. 일본인 이 양조장을 겸한 주택을 지으면서 일본식 정원을 꾸민 게 1927년. 그후 근 100년 의 세월이 흐르는 동안, 정원은 주인이 몇 번 바뀌었지만, 우아한 자태는 여전했다. 오랜 세월 덕분에, 사계절을 100번 남짓 견뎌낸 정원은 사람이 손댄 흔적들은 지워 지고 범접할 수 없는 품격이 켜켜이 쌓여 있었다.

고급 선물로도 손색이 없는
해창막걸리

|

양조장 입구에는 그 유명한 '해창 18도(알코올 도수) 막걸리' 모형이 손님 을 맞는다. 한때 '롤스로이스 막걸리'로 불렸던 그 술이다. 'since 1927' 이란 글자가 이곳의 역사를 한눈에 말해준다. 해창주조장, 땅끝마을 해 남에 자리한 이 양조장은 호남을 넘어서, 한국을 대표하는 양조장으로 발돋움하고 있다.

　해창 12도 막걸리 맛을 본 적이 있는가? 1만 원을 훌쩍 넘긴 비싼 가격이지만, 곡물에서 비롯된 과일향, 단맛에 놀랄 것이다. 재료를 아끼 지 않고, 제대로 만든 막걸리, 딱 그 맛이다. 그래서 해창막걸리에 사람

해창주조장의 또 다른 자랑, 100년 역사가 깃든 양조장 정원이다.

들은 두 번 놀란다고 한다. 한 번은 비싼 가격에, 또 한 번은 기가 막힌 찰진 맛에. 가격에 시비를 거는 사람들은 많지만, '해창막걸리는 자연이 주는 단맛이 일품'이라는 평가에 토를 다는 사람은 거의 없다.

물론 가격 논란은 여전하다. 한 병에 출고가격(도매가)만 11만 원인 해창 18도 막걸리는 '터무니없이 비싼 가격'이라는 비난을 아직도 잠재우지 못했다. 어디 그뿐인가? 도자기병에 금 한 돈으로 '해창' 글자를 새겨 넣어 한 병에 110만 원으로 판매하는 '해창막걸리 아폴로(18도)'도 나왔다. 백화점에선 160만 원에 팔린다고 한다. 세상에, 막걸리 한 병이 무려 160만 원이라니? 그런데 신기한 건 사는 사람이 있다는 사실이다. 신세계, 현대, 갤러리아, 롯데백화점 일부 점포에서 해창 아폴로 막걸리를 팔고 있다. 해창주조장 오병인 대표는 "해창 아폴로는 예약주문을 받아 판매하는데, 가격이 워낙 높아 많이 팔리지는 않지만, 그래도 꾸준히 판매되고 있다."고 했다.

페트병에 담은 기존 해창 18도 막걸리와 다른 점은 도자기 병 패키지 외에 장기 저온 숙성이다. 영하 2도의 저온에서 6개월을 숙성시킨 다음 도자기병에 담아 판매한다. 오 대표는 "산도가 거의 안 생기고 맑고 청아한 맛이 난다."고 했다. 당초 해창 아폴로는 알코올 도수를 21도로 하려고 했으나, 생각만큼 도수를 높이지 못해 18도로 하향조정했다.

발효주를 증류하면 증류주가 된다. 쌀로 만든 발효주인 막걸리를 증류하면 증류식 소주가 나오는데, 해창 18도 막걸리를 증류한 '해창 소주'도 개발 중이다. 가격을 물어보니, 그런데 세상에? 입이 다물어지지 않는다. 60도 소주 한 병에 3,000만 원을 받겠다고 한다. 금 50돈을 녹여 술잔 하나를 만들어 소주 한 병과 패키지로 팔겠다는데, 그 패키지 가격을 3,000만 원으로 책정할 생각이란다. 오 대표의 생각은 이렇다.

"1,000~2,000원짜리 막걸리를 먹는 사람은 11만 원 하는 막걸리를 쳐다보지도 않겠지만, 고가 술에 대한 선물 수요는 있게 마련입니다. 고급 와인이나 위스키는 100만 원 넘는 제품이 꽤 있잖아요. 실제로 해창 18도 막걸리는 명절 때만 소량 내놓는데, 금방 다 팔립니다. 사서 본인이 마시겠다는 수요보다는 선물 수요가 대부분입니다. 110만 원 하는 막걸리, 3,000만 원이 넘는 소주 역시 고급 선물시장을 겨냥한 제품입니다."

해창주조장이 내놓을 소주 '대장경'은 2023년 봄쯤에 출시될 예정이다. 오 대표는 "증류 설비를 갖추는 데 생각보다 시간이 많이 걸려 출시 시기가 다소 늦어졌다."고 했다. 한국 최고의 막걸리를 내놓은 자부심으로, 역시나 최고의 증류식 소주를 만들겠다는 욕심에 증류 설비에도 까다로운 선택을 한 탓일 것이다.

건강한 재료, 정성스러운 발효공정으로
기분 좋은 단맛을 내다

오병인 대표의 양조 이력은 그리 길지 않다. 지금의 양조장을 인수해 막걸리를 내놓기 시작한 것은 2007년 즈음. 그러나 1927년 이곳에 터를 잡은 일본인이 청주를 빚었고, 해방 후 2대, 3대 주인(오병인 대표는 4대 주인)도 막걸리를 빚었으니, 이곳 해창주조장의 양조 역사는 1927년까지 거슬러 올라간다. '100년 양조장' 리스트에 등극해도 손색이 없을 정도다.

"원래 막걸리를 좋아했고, 해창막걸리를 특히 즐겨 마셨어요. 택배가 흔치 않은 시절부터 서울까지 배달시켜 먹었어요. 그 인연으로 오래전부터 잘 알고 지내온 양조장 대표가 '이제 내가 나이가 많아 양조장을 운영하기 어려운데, 직접 맡아서 해보면 어떻겠냐'는 제안을 하더라구요. 당시 다니던 회사를 그만두고 '은퇴 후 인생'을 고민하던 때라, 덜컥 양조장을 인수해버렸습니다. 양조 경험이 없는 사람이 정직한 재료(쌀, 누룩, 물만으로 만들고 일체의 감미료를 첨가하지 않는다)로 막걸리를 만들다 보니, 처음에는 힘든 게 한두 가지가 아니었습니다. 그러나 지금은 해창주조

오병인 대표의 자부심인 해창막걸리 제품들. 왼쪽부터 18도, 12도, 9도, 6도 제품.

장이 호남을 넘어서 한국을 대표하는 양조장이라고 자부합니다."

그의 자부심은 다소 과장된 측면이 있다.

"전국에 막걸리를 만드는 양조장이 600개 정도 되는데, 이들 전체 양조장이 만드는 막걸리는 2개로 나뉘죠. 해창막걸리와 그 외 막걸리로. 나는 그렇게 생각합니다. 유기농 찹쌀로 막걸리를 만드는 회사는 우리밖에 없어요. 그것도 햅찹쌀만 씁니다. 이런 자부심으로 술을 만들어요."

유기농 찹쌀로 막걸리를 만드는 회사가 해창주조장뿐만은 아닐 것이다. 하지만 찹쌀 80%, 멥쌀 20%로 막걸리(해창막걸리 18도의 경우)를 만드는 양조장은 드문 게 사실이다. 찹쌀 중에서도 가장 비싼 유기농 찹쌀만쓴다니, '재료는 정말 아끼지 않는 양조장'이라는 생각은 절로 든다. 사실오병인 대표의 자부심 대부분은 술 재료에서 비롯된 것이다. 해창막걸리6도, 9도, 12도, 18도 막걸리 다 마찬가지다. 찹쌀은 양조장 근처 논에서수확한 유기농 찹쌀을 쓴다. 유기농 찹쌀은 일반 찹쌀보다 35% 정도 더비싸다.

"찹쌀은 영어로 'sweet rice'이죠. 단맛과 함께 감칠맛도 찹쌀에서비롯됩니다. 단맛을 극대화하기 위해 물도 최대한 적게 넣어요."

해창막걸리의 '기분 좋은 단맛' 비결은 정직한 재료 외에 하나 더있다. 해창주조장은 고두밥을 찌고 식힌 뒤 물, 누룩과 같이 버무려 발효공정에 들어가기 전, 다른 양조장에서는 하지 않는 공정을 하나 더 거친다. 선풍기로 식힌 고두밥을 찬물로 다시 한 번 씻는 과정을 꼭 거친다. 막걸리의 단맛을 극대화하기 위해서다.

"쌀로 고두밥을 찌면 밥 표면에 단백질 가루가 묻어 있어요. 이대로술을 만들면 다소 텁텁한 맛이 나는데, 이런 텁텁한 맛을 줄이려고 고두밥을 다시 한 번 물로 씻는 과정을 거칩니다. 밥맛이 없을 때, 뜨거운 밥을 찬물에 말아 먹는 이치와 비슷해요. 이건 누구한테서 배운 게 아니

고, 스스로 터득한 거예요. 다른 어느 양조장에서도 고두밥을 찬물로 다시 씻는다는 얘기는 듣지 못했으니까요."

해창막걸리는 기본이 삼양주다. 한 번의 밑술, 두 번의 덧술로 막걸리를 만든다. 해창 6도, 9도, 12도 막걸리를 이렇게 만든다. 그러나 알코올 도수가 18도 되는 '해창막걸리 18도'는 좀 다르다. 두 번이 아닌, 세 번의 덧술을 한다. 사양주인 셈이다. 덧술을 한 번 더 해서 효모 활동을 최대한 오랫동안 지속시켜 알코올 도수를 더 높인다. 사양주인 해창 18도는 그래서 도수 낮은 해창막걸리보다 발효시간이 더 길다. 저온발효와 숙성에만 두어 달 걸린다. 해창 18도를 제외한 술들은 발효와 숙성에 20일 걸린다고 하니, 세 배 차이가 나는 셈이다.

해창막걸리 병 라벨 원산지를 자세히 살펴보면 누룩 외에 입국이란 단어가 눈에 띈다. 전통누룩 외에 입국도 사용한다는 얘기다. 한국을 대표하는 전통주 양조장이 전통누룩을 왜 안 쓰는지 궁금했다.

"대부분은 전통 밀누룩을 쓰고 입국은 조금 씁니다. 전체 누룩 양의 20%만 입국을 쓰죠. 전통누룩만 쓰면 발효에는 문제가 없지만 누룩취(누룩에서 비롯되는 고약한 냄새)가 나요. 그런데 이걸 싫어하는 소비자들이 많아요. 누룩취 때문에 전통누룩을 조금 덜 쓰고, 대신 입국을 일부 넣는 거죠. 전통누룩은 우리 밀로 만든 걸 써요. 수입 밀로 만든 누룩을 쓰는 양조장들도 많지만, 우리는 국산 밀을 씁니다. 누룩 공장과 계약을 맺어 받아서 사용하죠. 초기 5년은 직접 누룩을 만들기도 했는데, 일이 너무 많아서 누룩 만들기는 포기했어요. 그래서 누룩은 전문가에게 맡기고 있습니다."

한국을 대표한다는 해창주조장에서 누룩을 직접 만들지 않고 공장에서 만든 걸 쓰다니, 한국가양주연구소 류인수 소장, 청주의 화양 양조장(풍정사계 생산업체) 이한상 대표 같은 분들이 들으면 아쉬워할 대목이다. 이분들은 '내 누룩이 없으면 내 술도 없다'는 누룩 예찬론자들이다. 막걸리 같은 발효주의 개성(특유의 향과 맛)은 누룩에서 비롯되기 때문이다. 그러나 어떤 누룩을 쓸 것인가는 양조장 대표가 결정한다. 그 누구도 '이런 누룩을 쓰라, 저런 누룩이 낫다'는 식의 토를 달 수는 없다.

해창주조장은 현재 6도, 9도, 12도, 15도, 18도 제품을 만든다. 6도는 식당에서, 15도 제품은 일부 골프장에서만 취급한다. 또 18도는 한정

생산한다. 그래서 대형마트나 인터넷에서 손쉽게 구입할 수 있는 해창 막걸리는 9도와 12도 제품이다. 그중 가장 많이 팔리는 주력 제품은 해창 12도 막걸리다. 양조장 출고가는 12,000원(900ml)이다.

해창 18도는 일 년에 세 번만 생산한다. 추석, 구정 명절과 연말 정도에만 출시한다. 가격이 높다 보니, 주로 백화점에서 선물용으로 팔린다. 해창주조장이 지역특산주 제조업체이기 때문에 인터넷에서도 판다. 한 번 만들 때 1,000병 정도 만든다고 하니 일 년 생산량이 고작 3,000병 남짓이다. 비싼 가격에도 불구하고, 거의 다 팔린다고 한다.

고가 전략과
시장의 반응

그러나 해창 18도는 프리미엄 막걸리답지 않게 환경에 나쁜 페트병을 쓰고, 라벨 디자인도 다소 조잡하다는 지적이 많다. 지금은 그 이름을 쓰지 않지만 출시 초기에는 '롤스로이스 막걸리'라고 부르기도 했다. 그러다 롤스로이스 측의 항의를 받고 삭제했다. 하지만 허영만 화백이 그린 롤스로이스 차 그림은 여전히 라벨에 있다. 롤스로이스는 오병인 대표가 지금도 타고 다니는 차다. 막걸리에 어울리지 않는 롤스로이스 자동차 브랜드는 왜 썼는지 물어보지 않을 수 없었다.

"롤스로이스는 제조업의 상징 같은 브랜드잖아요 제조업을 하는 입장에서는 최고의 경지, 가장 좋다는 의미이죠. 해창 18도 역시 최고의 막걸리라는 뜻에서 붙인 이름입니다. 나중에 롤스로이스 측에서 항의하길래 한마디 했어요. '롤스로이스는 한국의 비싼 차 값의 10배밖에 안되지만, 해창 롤스로이스는 100배 비싼 막걸리라고' 하지만 항의를 받아들여 이름을 뺐습니다. 그래서 지금은 '해창 롤스로이스 막걸리'가 아닌 '해창막걸리 18도'가 정식 이름이죠."

해창막걸리 18도는 이름(롤스로이스)보다 가격이 더 논란의 대상이 됐다. 아무리 유기농 찹쌀을 쓴다고 해도 11만 원은 '너무했다'는 비난은 여전하다. 한국가양주연구소 류인수 소장은 해창 18도에 대한 혹평을 숨기지 않았다.

"비쌀 뿐, 시중의 잘 만든 막걸리와 다를 게 없어요. 하나 다른 점이 있다면 가치 없이 비싸다는 것이겠죠. 술의 가격은 맛보다 가치에 비례합니다. 플라스틱(페트병)에, 입국에, 형편없는 디자인에, 특별하지 않은 원료를 사용하고도 11만 원의 가격을 매겼을 때 소비자가 얼마나 동의할지는 의문이 듭니다."

류 소장은 "값을 최대한 많이 쳐준다 하더라도 4만 원 정도가 적당하지 않을까 한다."고도 했다. 서울 서초구 방배동에 서울양조장을 차린 류인수 소장은 해창 18도 막걸리를 겨냥, 자신이 만든 누룩으로 빚은 막걸리 '서울 골드'를 19만 원(소비자가격)에 출시했다.

그래서 오병인 대표에게 해창 18도의 제조원가는 얼마나 되냐고 물었다. 오 대표는 즉답을 피했다.

"가격을 책정하고 국세청에 신고까지 했어요. 아무런 문제가 없습니다. 어차피 대중적인 제품이 아니니까요. 수백만 원짜리 와인은 문제삼지 않으면서 11만 원 하는 막걸리는 왜 문제인지 모르겠습니다. '막걸리는 값이 싸다'는 고정관념을 깨야 하지 않을까요? 세계적인 와인, 꼬냑에 비하면 해창 18도는 아주 싼 술입니다."

'동문서답'이 답답해 다시 물었다. 11만 원 하는 해창 18도 제품의 병당 재료비는 어느 정도냐고? 다른 양조장과 달리, 비싼 유기농 찹쌀을 쓴다고 하면서도 오 대표는 '재료비 비중은 높다고 볼 수 없다'며 오히려 운영 유지비 비중이 높다고 답했다.

"발효와 숙성에만 2달 걸리는 만큼 운영비가 꽤 들어간다고 봐야 하죠. 저온발효에는 에어컨 가동이 필수니까요. 1차 발효실은 27~28도, 저온발효·숙성실은 17도 정도를 늘 유지합니다. 전기요금만 한 달에 500만 원 냅니다."

오병인 대표의 견해에 다 동의할 수는 없었지만 '정직한 재료가 좋은 술을 만든다'는 의견에는 이견이 없었다. 그는 해창 12도 막걸리를 예로 들어 프리미엄 막걸리를 설명했다.

"한 병에 12,000원(출고가)인 해창 12도 막걸리부터는 프리미엄 막걸리라고 볼 수 있습니다. 가격은 저렴한 막걸리 가격의 10배나 되지요. 하지만 재료비는 시중에 있는 막걸리보다 20배는 비쌉니다. 가격은

10배 비싸지만, 재료비는 20배나 된다는 얘기예요. 대부분의 막걸리는 수입쌀을 쓰거나 아니면 아예 쌀 대신 밀가루를 씁니다. 밀가루 막걸리가 생각보다 많아요. 좋은 막걸리는 결국 좋은 재료를 쓰는 막걸리입니다. 우리 쌀과 누룩으로 정직하게 만든 막걸리라야 좋은 막걸리라고 할 수 있어요. 재료, 노력, 시간을 아끼지 않아야 프리미엄 막걸리라고 할 수 있다는 말입니다."

'돈키호테' 오병인 대표가 최근 내놓은 제품은 110만 원짜리 '해창 아폴로 18도'다. 해창 아폴로는 도자기병을 쓰는 데 그치지 않고 금 한 돈으로 '해창' 글자를 도자기병에 새겼다. 도자기병 사용, 24K 금 한 돈으로 글자 새기기 등 패키지 재료비만 70만 원이 넘는다. 배(술)보다 배꼽(술병)이 더 큰 경우다.

해창 아폴로 18도. 도자기병에 금박으로
'해창'이라는 글자를 새겼다.

해창 아폴로의 술 재료는 해창의 다른 막걸리와 차이가 없다. 그러나 제조 공정엔 정성과 시간을 더 기울였다. 발효와 숙성을 6개월 이상 오래 해, 맛이 부드럽고 고유의 향이 나도록 했다. 발효만 두 달 정도 걸린다. 오 대표는 "요즘 세상이 혼돈 투성인데, 해창 18도 마시고 별나라 다녀오시라는 뜻에서 해창 아폴로로 이름 지었다."고 말했다. 그리고 "막걸리가 100만 원이 넘으면 주목을 받지 않겠나 싶어 병 패키지를 고급스럽게 했다."고

덧붙였다.

이쯤 되면 오병인 대표가 전통주 양조인이기보다는 탁월한 마케터가 아닌가 착각이 들 정도였다.

2023년 봄에 나올 예정인 소주는 해창 18도를 증류한 술이다. 25도, 35도, 45도, 60도 네 가지 알코올 도수의 소주를 내놓을 예정이다. 해창 18도 막걸리의 맑은 부분만 갖고 증류했다. 소주 이름은 팔만대장경을 본떠 '대장경'이라 지었다. 우리나라에 증류주 기술을 전해준 나라가 몽골인데, 몽골의 침략을 불심으로 막기 위해 만든 것이 팔만대장경 아닌가?

그런데 이번에는 술병이 아닌 술잔 패키지가 화제다. '해창 아폴로 막걸리'는 금 한 돈을 새긴 도자기병이 특징이었다면, 해창주조장의 소주 '대장경'은 순금으로 만든 술잔을 곁들여 판매한다. 가장 높은 도수인 해창 60도 대장경 소주를 소주잔 하나와 패키지로 묶어 3,000만 원에 팔 예정이다. 그냥 소주잔이 아니다. 24K 금으로 만든다. 그것도 무려 금 50돈이 들어간다. 잔 하나 제작비만 2,000만 원 가량이 든다. 25도, 35도, 45도 대장경은 금잔 없이 판매할 예정인데, 가격은 '증류식 소주의 대표 주자' 화요보다 두 배 정도 높을 것이라고 한다.

해창주조장의 이런 고가 전략이 시장과 소비자에게 어떻게 받아들여질지는 좀 더 두고 볼 문제다.

제품명, 제조장	**느린마을막걸리(6도) 배상면주가**
색상, 질감	진한 아이보리색. 탁도가 진하다. 입에서 느끼는 무게감이 가벼운 편.
향	과일향이 많다. 포도, 바나나향
맛	곡물의 자연스러운 단맛. 단맛과 신맛의 균형미가 좋다. 시간에 따른 맛의 차이를 느낄 수 있다. 사계절 막걸리. 처음에는 단맛이 강하지만, 시간이 지남에 따라 단맛은 줄고 산미가 강해져 점점 드라이해진다.

느린마을막걸리 6도

배상면주가의 스테디셀러 제품인 느린마을막걸리는 국내 무감미료 막걸리 대중화를 이끈 공신이다. 알코올 도수는 6도, 가격은 3,000원대. 고두밥을 찌지 않고 생쌀가루를 물과 누룩에 같이 버무려 발효를 한다. 발효 기간은 일주일 정도. 2주 정도 더 저온숙성을 시킨 뒤 병입한다. 아스파탐을 넣지 않은 생막걸리이기 때문에 같은 날 만든 막걸리라도 언제 마시느냐에 따라 미세하게 맛이 다르다. 병입 후 1~3일차(봄 막걸리)에 마시면 단맛이 가장 강하고 가벼운 탄산 맛을 느낄 수 있다. 4~6일차(여름)에 마시면 상큼하면서 풍부한 탄산미가 특징이다. 단맛은 약간 줄어든다. 병입 7~9일차(가을)는 탄산미, 신맛이 절정에 달한다. 10일차 이상(겨울)은 '진정한 술꾼들의 막걸리'다. 단맛은 가장 적은 대신, 신맛이 가장 강하다.

경기도 포천의 전통술 박물관 내부 모습이다.

포천이 어떤 곳인가? '하천을 안고 있는 곳'이란 이름에서도 알 수 있듯이 포천은 물 좋기로 이름난 고장이다. 경기도 내에서 포천에 둥지를 튼 양조장이 가장 많은 것도 술의 가장 중요한 원료인 물 때문이다.

배상면주가가 운영하는 전통술 테마파크 '느린마을 산사원'이 배상면주가 포천공장 옆에 있다. 3,800평(12,652㎡) 규모의 느린마을 산사원에는 본관의 전통술 박물관, 500여 개 술항아리가 모여 있는 세월랑, 차를 마시며 쉬어갈 수 있는 우곡루, 경주의 포석정처럼 흐르는 물에 술잔을 띄워 얘기를 나누며 술을 권하고 마실 수 있는 유상곡수 등이 방문객을 맞는다.

무감미료 막걸리 시대를 연

느린마을막걸리

|

2010년, 배상면주가가 무감미료 '느린마을막걸리'를 내놓았다. 이후 2022년 4월, 프리미엄 막걸리 신제품 '느린마을막걸리 한번더'가 출시되었다. 배상면주가의 자회사인 배상면주가 포천 LB가 생산하는 제품이다. 느린마을막걸리(알코올 도수 6도)는 밑술에 두 번 덧술한 삼양주인데 비해, 새로 나온 느린마을막걸리 한번더(알코올 도수 12도)는 밑술에 덧술을 세 번 한 사양주다. 느린마을막걸리를 한 번 더 덧술한 것이다.

느린마을막걸리는 막걸리 업계에 '무감미료 막걸리 붐'을 일으킨 주역으로, 배상면주가 매출의 60~70%를 책임지는 효자상품이다. 포천 공장을 비롯해 전국 20여 개의 느린마을양조장에서 생산한다.

2022년, 출시 12년째를 맞는 배상면주가의 느린마을막걸리는 당시만 해도 '막걸리업계의 미운 오리'였다. 2010년쯤 막걸리 붐이 일어나던 당시 대부분의 양조장들이 아스파탐 같은 감미료를 넣은 막걸리를 앞다투어 내놓았을 때, 배상면주가는 홀로 무감미료 막걸리를 출시했다. 가장 값이 싼 '감미료' 막걸리보다 가격(출시 당시 가격 2,500원)이 두 배 이상 비싸, 오랫동안 판매에 애로를 겪었다. 가격이 비싼 이유는 감미료 없이 천연의 단맛을 내기 위해 쌀 함유량을 여타 막걸리보다 두 배 이상 늘렸기 때문이다.

그러나 가격을 떠나 느린마을막걸리에는 치명적(?) 단점이 있었다. 술맛이 늘 다르다는 사실이다. 술뿐 아니라 대부분의 제품은 품질이 균일해야 한다. 맛이 들쑥날쑥한 술은 상품성이 없어 안 팔린다. 실제로 많은 막걸리 양조장에서 '맛의 균일성'을 최우선 과제로 삼고 막걸리를 만들고 있다. 마실 때마다 맛이 다른 술이라면, 어느 소비자가 그 술을 믿고 마시겠는가?

그런데 마실 때마다 맛이 다른 느린마을막걸리는 그 점을 단점으로 여기지 않는다. 같은 날 만든 막걸리라고 해도, 오늘 마신 것과 냉장고에 하루 넣어두었다가 다음날 마신 막걸리는 맛이 다르다. 물론 확연히 다르다고 볼 수는 없지만 미세한 차이가 엄연히 있다. 배영호 배상면주가 대표는 대놓고 말한다.

"느린마을막걸리는 365일 맛이 다릅니다!"

감미료를 넣지 않기 때문이란다. 그의 말을 조금 더 들어보자.

"경기도 포천공장에서 만든 막걸리와 전국 20여 개 도심의 느린마을막걸리 양조장에서 만든 막걸리는 레시피(제조법)와 재료는 똑같은데, 미세하게 맛이 다릅니다. 맛을 똑같게 하는 감미료를 넣지 않기 때문입니다. 또 여름철에 만든 것이랑 가을에 만든 것도 살짝 맛의 차이가 있어요. 어디서 만드느냐, 언제 만드느냐, 또 누가 만드느냐에 따라 조금씩 맛이 다 다른 게 느린마을막걸리의 매력이죠. 4차 산업혁명시대, 요즘 같은 '개성 있는 소비' 트렌드 시대에 천편일률적인 맛의 술은 살아남지 못합니다."

다름의 미학을
즐기라

느린마을 막걸리 제조 과정과 맛의 비밀을 자세히 알아보기 위해 경기도 포천의 느린마을 양조장과 서울 양재동 본사를 연이어 방문했다. 본사에서는 배영호 배상면주가 대표를 만나 '21세기의 개성 있는 소비 트렌드에 가장 어울리는 술은 막걸리'라는 얘기도 처음 들었다.

배영호 대표는 전통술 업계에서 '벤처기업인'으로 통한다. 전통술을 과거(전통)에 머물게 하지 않고 현대의 것으로 승화하기 위해 끊임없는 실험을 계속해오고 있기 때문이다. 술로 아이스크림을 만들고 쌀을 원료로 한 맥주도 내놓았다. 2010년대 초 막걸리 붐에 편승해 대부분의 양조장들이 수입쌀과 인공감미료로 막걸리를 만들 때도 '우리 쌀, 무감미료 막걸리(느린마을막걸리)' 개발에 몰두했다. 제철 농산물을 원료로 한 세시주를 꾸준히 내놓고 있는 곳도 그가 대표로 있는 배상면주가뿐이다. 그에게 던진 첫 번째 질문은 느린마을막걸리 개발 스토리였다.

"2010년도에 느린마을막걸리가 출시됐어요. 아스파탐 같은 감미료가 없는 막걸리가 처음 나온 것이죠. 소규모 양조장에서 무감미료 막걸리를 소량으로 내놓는 경우는 있었지만, 전국의 대형마트에 제품을 공급하는 대규모 막걸리 업체가 무감미료 제품을 내놓은 것은 처음 있는 일이었습니다.

　당시 막걸리 붐을 타고 대부분의 업체들이 아스파탐을 넣은 막걸리를 경쟁적으로 내놓았지만, 우리만 다른 길을 간 거죠. 지금은 저희 말고도 무감미료 막걸리를 생산하는 곳이 있지만요. 시중의 막걸리들은 대개 일본식 발효제를 사용해요. 쌀도 거의 똑같고. 수입쌀 쓰는 업체들이 많고요. 그리고 완전발효 시킨 뒤 맨 마지막에 아스파탐을 잔뜩 넣어 막걸리를 완성하는 경우가 대부분이죠. 이러니 맛도 똑같을 수밖에요. 이건 제대로 된 막걸리가 아니에요. 조선시대에 무슨 감미료가 있었겠어요? 막걸리를 옛날 양조방법 그대로 만들 필요는 없지만 '쌀, 누룩, 물' 이 세 가지만으로 막걸리를 빚어온 기본은 지켜야 한다고 생각했습니다."

　느린마을막걸리가 판매에 날개를 달기 시작한 것은 2016년쯤부터다. 그 후 매년 매출이 10~20%씩 늘고 있다. 코로나가 극성을 부린 2021년의 경우, 전년도보다 매출이 무려 100억 원 이상 늘어 2022년 현재 300억 원을 넘어섰다.

　그런데 왜 느린마을막걸리는 만들 때마다 맛이 다르다고 공공연하게 말하는 걸까? 다른 양조장 같았으면 맛이 조금 다르더라도 쉬쉬하면서 그냥 넘어갔을 것 같은데. 맛이 조금씩 다르다는 게 무슨 자랑거리라도 된다는 걸까? 배영호 대표의 답변이다.

"인공감미료를 전혀 넣지 않는 느린마을 막걸리는 소비자들이 구매 후 언제 마시느냐에 따라 맛이 달라집니다. 왜냐면 막걸리가 완성돼 병에 담기더라도 그 속에는 유산균, 초산균, 효모 등 무수히 많은 미생물들이 왕성한 활동을 계속 하기 때문이죠. 당분을 먹고 알코올을 토해내고, 갖가지 향이 나는 것도 이들 미생물 활동 때문이에요. 그런데 이들 미생물의 활동도 온도, 습도, 누룩 상태 등에 따라 다르기 때문에 막걸리를 만들 때마다 맛의 차이가 조금씩 있습니다.

그래서 막걸리 맛은 항상 미세하게 다를 수 있어요. 맛이 조금씩 다른 것을 단점으로 여기지 말고, 오히려 이를 장점으로 키워야 한다고 생각해요. 세계에 이런 술은 없어요. 만드는 사람마다, 만드는 장소마다, 만드는 계절마다 술맛이 다름을 즐기라는 것이죠. 이게 막걸리의 매력입니다. 그래서 내가 자주 쓰는 말이 '다름의 미학을 즐기라'는 것입니다. 이게 새로운 시대의 막걸리 가치라고 생각합니다.

천편일률적인 맛의 술, 그건 20세기에서나 통하던 구시대 유물이에요. 대량생산, 대량소비의 시대에서나 통하던 가치죠. 21세기에 왜, 얼마나 많은 제품이 있는데, 대안이 얼마나 많은데, 귀한 돈을 소비자가 지불하면서 왜 천편일률의 맛을 강요받아야 하나요? 그래서 이 세상에 이런 술(마실 때마다 맛이 다른)이 하나 정도는 있어야 하지 않겠나, 그게 바로 막걸리입니다."

배영호 대표는 '다름의 미학을 즐기라'고 했지만, 1960~70년대에는 국내 양조시설 자체가 열악해, 발효 공정 자체가 들쑥날쑥했던 '흑역사'가 있었다. 위생 상태도 엉망이었고. 그런 시절에는 막걸리 맛이 일

정하지 않았을 뿐 아니라 맛 자체가 엉망이었다. 그래서 이런 점들을 개선해서 맛을 일정 수준 균일화시킨 것은 막걸리 제조의 기본이다.

그런데 문제는 적지 않은 양조장들이 인공감미료로 '맛의 균질화'를 잡았다는 사실이다. 어떤 찌개라도 조미료만 많이 넣으면 어느 수준 이상의 맛이 나오는 것과 마찬가지다. 막걸리 발효 과정에 다소 문제가 있더라도, 쌀 함유량이 적어 단맛이 덜 나더라도, 인공감미료인 아스파탐만 넣으면 '맛있는 막걸리', '맛이 일정한 막걸리'가 완성됐다. 한마디로 감미료 막걸리, 조미료 막걸리가 아닐 수 없다.

술의 조미료는 아스파탐이다. 전국의 양조장에서 만드는 막걸리 맛이 똑같아지는 것은 비정상이다. 그런데 아스파탐을 빼면 술의 본 실력이 나올 수밖에 없다. 옷을 걸치고 있을 때는 누구나 별 차이 없지만 옷을 벗으면 사람마다 천양지차인 몸매가 고스란히 드러나듯이.

술에 감미료를 넣는 행위 자체를 비난만 할 수는 없다. 또 요즘에는 아스파탐 대신 천연성분의 감미료를, 그것도 소량 첨가하는 양조장들도 늘어가는 추세다. 한마디로 '느린마을막걸리 효과'다.

생쌀 발효법, 저온 숙성, 숙성 시간에 따라 다른
사계절 막걸리

느린마을막걸리를 대량 생산하는 곳은 포천의 배상면주가 공장이다. 전국의 대형마트와 도매상에 공급하는 막걸리를 이곳에서 만든다. 포천 양조장에서는 월 평균 50만~60만 병의 느린마을막걸리를 생산하고 있고, 매년 생산량이 20~30%씩 늘고 있다.

느린마을막걸리는 제조 방법부터 다른 막걸리와 판이하다. 고두밥을 찌지 않고 쌀을 곱게 가루 내서, 이 생쌀가루에 물과 누룩을 섞어 발효를 한다. 이른바 생쌀 발효법으로 막걸리를 만든다. 여기에는 고(故) 배상면 회장(배영호 대표의 선친)이 개발한 누룩이 사용된다. 찬물에 커피를 천천히 내리는 '콜드브루(더치 커피)'와 비슷하다고 할까. 발효탱크에 일주일 두면 막걸리가 제대로 익는다. 하지만 곧바로 병에 담지 않는다. 숙성탱크에서 2주를 더 보낸 뒤에야 병에 넣는다. 배상면주가 포천공장 이인수 공장장은 "저온 숙성은 맥주의 후발효 공법과 비슷한 것으로, 잡취가 제거되고 과일향과 탄산미가 풍부해진다."고 했다.

저온숙성보다 더 중요한 것은 느린마을막걸리 병 속에 살아있는 미생물, 효모다. 막걸리가 완성돼 병에 술을 담아도 이 미생물들이 죽지 않고 살아남아 '좌충우돌' 활동하는 덕분에 막걸리 맛에 변화가 생긴다. 느린마을막걸리는 살균처리를 하지 않는 생막걸리이기 때문에, 병 속의 효모가 당분을 먹고 탄산을 토해내는 '병입 발효'를 한다.

느린마을막걸리의 또 다른 특징은 '사계절 다른 맛'을 낸다는 점이다. 이는 계절별로 만든 막걸리 맛이 다르다는 뜻이 아니라, 병입 후 언제 마시느냐, 다시 말해, 병입 후 숙성을 얼마간 시킨 뒤에 마시느냐에 따라 맛과 향이 달라진다는 의미다.

배상면주가 측은 병입 후 1~3일 지난 막걸리를 '봄 막걸리', 4~6일차는 '여름 막걸리', 7~9일차는 '가을 막걸리', 10일차부터는 '겨울 막걸리'로 부르고, 언제 마시느냐에 따라 단맛, 신맛, 탄산미 등이 달라진다고 설명한다. 살균처리하지 않은 생막걸리 병 속의 미생물들이 활

배상면주가 배영호 대표가 숙성기간이 다른 4가지 느린마을막걸리 맛의 차이를 설명하고 있다.

발하게 대사활동을 하기 때문에 시간이 지남에 따라 단맛이 줄어들고 대신 신맛과 탄산이 조금씩 늘어난다고 했다.

병입한 지 얼마 안 된 봄 막걸리는 '신선, 달콤, 가벼운 탄산미'가 특징이다. 신맛은 가장 약한 대신 단맛은 가장 강하다. 탄산도 다른 계절 술에 비해 적다. 술에 약한 여성들이 가장 좋아하는 술이다. 요구르트 향이 제대로 난다. 봄 막걸리를 3일 정도 더 두면 여름 막걸리가 된다. '신선, 상큼, 풍부한 탄산미'가 여름 막걸리의 맛이다. 병 속의 미생물들이 당분을 집어먹음에 따라 단맛은 조금씩 줄어들고 대신 탄산이 증가한다. 일반적으로 사람들이 가장 좋아하는 시기의 술이다.

병입 7~9일차의 가을 막걸리는 탄산미가 절정에 이른다. 신맛도 강해져 다른 브랜드의 막걸리들과 가장 유사한 맛을 낸다. '잘 익은, 담백, 부드러운 신맛'이 가을 막걸리 맛이다. 봄, 여름보다 깊은 맛을 낸다.

가장 오래 병입 숙성한 겨울 막걸리는 '진정한 술꾼들의 막걸리'다. 단맛은 가장 약한 반면 신맛이 가장 강하다. 탄산은 가을보다 살짝 적다. 탄산이 공기 중으로 점차 날아가기 때문이다. 그래서 느린마을막걸리에 붙여진 별명이 '사계절 막걸리'다. 느린마을막걸리 애호가들은 '비발디(클래식 〈사계〉 작곡가) 막걸리'라고 부르며 애정을 표시한다.

느린마을막걸리가 하루가 다르게 맛이 변하는 이유는 감미료를 넣지 않은 생막걸리이기 때문이다. 완전멸균을 하지 않기 때문에 발효 때 왕성한 활동을 하던 미생물들, 효모가 막걸리 병 안에 아직 많이 살아 있다. 시간이 흐르면 막걸리 병 안에 있는 이 미생물들이 단맛(당분)을 먹는다. 그러면 술의 단맛이 줄어드는 것은 당연하다. 생막걸리가 시간이 지나면 단맛이 줄어드는 이유다.

결국 같은 술이 처음에는 봄이었다가 며칠 지나면 여름, 가을 막걸리가 되는 셈이다. 느린마을막걸리는 마트에서는 대부분 봄 상태(병입 1~3일차)에서 진열돼 소비자에게 팔린다. 소비자들이 사서 곧바로 마시면 그게 봄 막걸리이고, 냉장고에 며칠 뒀다가 마시면 여름이 된다. 그래서 마니아들은 느린마을막걸리를 한 번에 대여섯 병 사서, 봄, 여름, 가을, 겨울 막걸리를 차례로 즐긴다는 게 배상면주가 측의 설명이다.

개성 있는 소비 시대에
가장 잘 어울리는 술이 막걸리

마지막으로 "20대 젊은 소비층에서 느린마을막걸리를 좋아하는 이유는 무엇"인지 배영호 대표에게 물었다.

"맥주, 소주 그 어떤 술과 비교해도 막걸리는 4차 산업혁명시대와 딱 맞는 술입니다. 막걸리는 21세기의 대표적 술이 될 것이라고 봐요. 21세기 개성 있는 소비 트렌드와 맞는 술로, 막걸리만 한 게 없죠. 젊은 소비자들의 다양한 감성을 충족시켜줄 수 있는 술은 막걸리뿐입니다. 느린마을막걸리를 좋아하는 사람 중에서도 단맛이 좋다고 하는 사람은 봄 막걸리를 마시면 되고, 단맛은 싫고 대신 탄산이 강한 술을 좋아하는 사람은 사서 그냥 며칠 두었다가 여름이나 가을, 겨울 막걸리를 마시면 됩니다. 느린마을이 처음 나왔을 때 20세 소비자가 이제 30세가 넘었어요. 이제 이들이 술 소비의 주축이 되면 느린마을막걸리뿐만 아니라 새

1 포천 전통술 박물관 안에 있는 우곡 고 배상면 회장 기념관. 2 포천공장 옆에 위치한 산사원.
3 증류주를 숙성하는 야외 창고 세월랑.

로운 형태의 술들이 각광받을 거예요. 이들 뉴 제너레이션을 겨냥한 새로운 개념, 새로운 형태, 새로운 서비스의 술들이 나올 것입니다."

포천공장 옆에 위치한 산사원은 배상면주가의 주력제품 중 하나인 산사춘의 원료가 되는 '산사나무 정원'이란 뜻이다. 정원에 들어서면 세월랑의 수백 개 술항아리가 가장 먼저 눈에 들어온다. 500개가 넘는다고 하니 규모 면에서 엄청나다는 생각이 든다. 세월랑은 우리 농산물로 빚은 각종 증류주가 익어가는 야외 술창고다. '세월랑은 우리 농산물로 빚어 내린 전통 증류주가 세월 따라 항아리 속에서 익어가는 곳'이란 배영호 배상면주가 대표의 육성 녹음이 수시로 들린다. 세월랑을 지나 산사정원을 천천히 거닐다 보면 우곡루, 자성재, 취선각, 부안당, 1930년대 양조 설비 전시장 등 다채로운 시설을 둘러볼 수 있다. 본관의 전통 술박물관은 우리 술의 역사와 문화를 한눈에 살펴볼 수 있는 공간이다. 박물관 한쪽에는 가양주 강의실이 있어, 사전예약을 통해 술 빚기 체험도 가능하다.

요즘 시대 트렌드에 가장 적합한 술이 막걸리라고 얘기하는 배영호 대표의 말처럼 전통주가 다시금 우리 문화의 한복판에 자리잡기를 기대해본다.

제품명, 제조장	오미자막걸리 6.5도 문경주조
색상, 질감	분홍빛, 붉은 빛 핑크, 탁도는 중간
향	은은한 오미자향
맛	단맛과 신맛이 느껴진다. 세미 드라이 술. 라이트하고 탄산감, 상큼함이 있다. 탄산감, 상큼함이 오미자와 잘 어울린다.

오미자막걸리 6.5도

국내 최초의 과일막걸리다. 오미자막걸리 이전에는 과일 막걸리 제조를 국세청이 허용하지 않았다. 양조장이 있는 문경 동로면이 주산지인 오미자를 농축액 상태로 넣은 생막걸리로 신맛이 강한 오미자를 넣었지만 신맛이 도드라지지 않는다. 가격은 2,600원대.

5년 이상 숙성시킨 오미자 농축액을 발효 시작할 때 넣고, 건오미자 우린 물도 추가로 넣는다. 오미자막걸리 제조법은 2011년 특허청에 등록됐다. 막걸리 병에 '건강 증진 기능성 제조방법특허'라고 적혀 있다.

문경주조 홍승희 대표가 폭스앤홉스에 들어가는 부재료 홉을 내보이고 있다.
홉은 양조장 인근 밭에서 직접 재배한다.'

문경주조 홍승희 대표

국내 최초의 과일 막걸리(쌀 외에 과일을 부재료로 넣은 막걸리)인 '오미자막걸리'를 출시하여 '과일 막걸리 시대'를 연 주역인 문경주조 양조장은 경상북도 문경시 동로면 노은리에 터잡고 있다.

양조장 앞으로는 비단천, 금천이 흐른다. 이웃해 있는 대미산과 황장산의 줄기가 만들어 낸 깊은 골을 따라 흐르는 금천은 동로면 일대를 관통해 흐른다. 금천은 낙동강의 발원 중 하나가 되는 물줄기로, 이곳 동로 사람들은 금천에 대한 자부심이 대단하다. 금천은 수질이 좋아 바로 식수로 사용할 만큼 깨끗한데, 금천의 상류에 위치한 문경주조 양조장의 젖줄이 곧 금천인 셈이다.

'오미자막걸리' 개발로
'과일 막걸리 시대' 처음 열어

문경주조 홍승희 대표는 20여 년간 막걸리 유통사업을 하다가 "내 술을 만들겠다."며 2007년 문경주조를 차렸다. 당시 양조장 터를 고를 때 홍대표가 가장 고민했던 것은 '물'이었다.

"술맛을 좌우하는 게 물이라고 하잖아요. 좋은 양조 환경과 물을 찾기 위해 여러 군데를 돌아다녔습니다. 그러던 중에 지금 양조장이 있는 문경 동로면 근처를 지나는데, 우선 산세가 좋았어요. 물맛을 보니 물도 좋더군요. 양조장 바로 앞의 하천이 금천인데, 이곳 양조장 근처가 금천의 최상류, 발원지였던 거예요. 물이 얼마나 좋으면 '비단(錦)'이란 이름을 붙였겠어요? 한마디로 청정지역이었지요. '여기 정도면 앞으로도 오염이 되지 않고, 좋은 물로 술을 만들 수 있겠다' 싶었어요."

'주담정(술 이야기를 나누는 곳)'이란 현판이 붙은 솟을대문 안으로 들어가자, 사열하듯 줄지어 서 있는 술 항아리들이 먼저 눈에 띈다. 그런데 여느 양조장에서 흔하게 볼 수 있는 술독 모양이 아니다. 무늬도 특이하지만, 무엇보다 항아리 빛깔이 예사롭지 않다. 문경주조 홍승희 대표는 "술은 잘 빚어야 하는 만큼 술 익히는 용기가 중요하기 때문에, 무형문

1 문경주조 양조장 대문에 쓰여 있는 주담정은 '술 이야기를 나누는 곳'이라는 뜻이다.
2 옹기 장인이 만든 명품 술항아리들.

화재 명인에게 의뢰해 만든 항아리에 술을 숙성한다."고 했다. 옹기를 예술작품으로 승화시킨 상주옹기장 정대희 명인의 작품이란다. 산화납이 섞인 유약이 아닌, 전통 잿물을 발라 만든 상주요 항아리다. 문경주조의 고급막걸리 '문희' 등 프리미엄 전통주들은 황토방에서 100일간의 발효, 숙성을 거치는데, 모든 과정이 이 옹기 속에서 이뤄진다.

몸에 해로운 유약처리를 하지 않고 구운 옹기라, 가격은 일반 항아리의 세 배 수준이지만, 술 품질에 관한 한 일체의 타협을 거부하는 홍승희 대표의 고집이 황토방을 비롯해 양조장 곳곳에 묻어 있다.

홍 대표의 고집은 오미자 생막걸리를 만들 때부터 유명했다. "오미자 같은 부재료를 넣은 막걸리는 변질 우려가 있으니, 생막걸리로 만들지 말고, 살균처리하라."는 국세청 지시에도 고집을 꺾지 않았고, 결국 국세청 관련 법규까지 개정하도록 해서, 오미자 생막걸리 제조허가를 받았다. 오미자 생막걸리는 과일 같은 부재료를 넣은 생막걸리 국내 1호다. 지금은 귤, 인삼, 밤, 땅콩 등 온갖 부재료가 들어간 막걸리들이 넘치지만, 과실이 들어간 우리나라 최초의 막걸리가 문경 오미자 생막걸리다. 오미자 생막걸리 병 라벨에는 '건강증진 기능성 제조방법 특허' 번호가 적혀 있다.

어쩌면 오미자막걸리는 홍 대표가 문경 동로면에 양조장을 차릴 때부터 예견돼 있었는지도 모른다. 동로면은 전국 오미자 생산의 절반을 차지하는 '국내 최대 오미자 생산지'다. 대한민국 '오미자 특구'로 지정될 만큼 오미자 재배 농가가 많은 곳이다.

법과 제도의 틀을 넘어
무에서 유를 만들다

2007년에 설립한 문경주조는 이듬해인 2008년, 지금의 문경주조를 있게 한 괄목할 만한 실적을 이뤄낸다. 문경주조가 국내 양조장들 중에서 가장 먼저 과실주 타입의 생막걸리 제조면허를 획득한 해이자, 문경 황장산 자락의 지하 200m 청정암반수와 100% 국산 오미자와 허브를 첨가한 '생오미자막걸리'가 그해 출시된 것이다.

다섯 가지 맛이 난다 하여 '오미자'라고 하지 않던가? 오미자는 껍질은 시고, 살은 달고, 씨는 맵고 쓰며, 전체적으로는 짠맛이 돌아 5가지 맛이 난다고 한다. 지금까지도 약재나 차, 식재료로 많이 사용되고 있다. 동의보감에 따르면, 오미자의 신맛은 간을 보호해, 해독기능이 뛰어나 숙취 해소에 좋고, 쓴맛은 심장을 보호해 혈액순환을 원활하게 해준다고 한다.

막걸리에 가장 많이 들어가는 재료는 쌀이다. 그리고 막걸리의 3대 원료는 '쌀, 누룩, 물'이다. 오미자막걸리에는 오미자가 소량 부재료로 들어가 막걸리 색깔이 분홍빛을 띤다. 어찌 보면 오미자막걸리는 막걸리 양조장이라면 누구든 쉽게 만들 수 있는 제품인 듯도 싶은데, 실제로는 그렇지 않았다. 천연 오미자를 넣어 오미자의 향과 색상을 고스란히 살리는 과정도 어렵지만, 더 큰 난제는 그때까지는 국세청이 '과일 막걸리' 자체를 인정하지 않았다는 사실이다.

2022년 현재까지도 문경주조 양조장 매출의 절반을 책임지고 있는 오미자막걸리의 탄생 비화는 언제 들어도 흥미진진하다. 홍승희 대표의

'뚝심'이 없었다면, 오미자막걸리는 애초에 태어나지도 못했을 것이며, 그랬더라면 지금의 다양한 과일 막걸리들도 세상 구경을 못했을 것이다.

"오미자 특구가 있는 동로면에 양조장을 차리고 보니, 한번은 동네 이장이 찾아와 '동로면의 자랑인 오미자가 들어간 막걸리를 만들어보는 게 어떻겠는가?' 얘기를 해줬습니다. 그런데 오미자막걸리 만드는 것보다 오미자막걸리 제조허가를 받는 게 100배 더 어려웠습니다.

오미자막걸리 이전에는 오미자 같은 과일 부재료가 들어간 막걸리 제조허가가 없었죠. 정부에서 아예 허가를 내주지 않았으니까요. 제품 개발에 앞서 담당부서인 문경시청 기술센터를 찾아가니 '오미자막걸리는 안 된다'며 단칼로 거절하는 게 아닙니까. 문경주조 이전에 이미 3곳의 양조장이 오미자막걸리 개발에 나섰다가 실패를 했다는 겁니다. 신맛이 들어간 오미자 때문에, 술이 더 빨리 상하는 문제점이 있어 제품화하지 못했다는 거죠. 제품 개발의 어려움과 별도로 오미자를 첨가하는 것 자체가 문제가 됐습니다. 오미자는 과일이기도 하고 한약재로도 사용됩니다. 그래서 살균처리하지 않는 생막걸리에는 오미자를 첨가할 수 없다는 게 문경시나, 국세청 같은 관계당국의 입장이었습니다. '굳이 오미자를 넣겠다면, 생막걸리가 아닌 살균 막걸리로 만들라'고 역제안을 하기도 했습니다. 그래도 저는 고집을 꺾지 않았습니다.

사실, 살균 막걸리는 맛이 없는 술입니다. 생막걸리와 달리 열처리를 해서, 막걸리 병 속의 효모가 더 이상 활동하지 못하도록 한 술입니다. 그래서 생막걸리보다 유통기한이 길다는 장점이 있지만, 신선함은 생막걸리만 못하죠. 저는 막걸리는 오미자가 들어가든 안 들어가든 무조건 생막걸리로 만들어야 한다는 생각이었습니다. 그래서 '살아있는 좋은 효모를 살균시켜(죽여) 왜 맛없는 술을 만들라고 하나'라고 반박했습니다. 하지만 아무도 제 얘기에 귀 기울여 주지 않았습니다."

이쯤 되면 양조장 대표가 꼬리를 내리는 게 맞다. 술 제조면허 허가권을 쥐고 있는 국세청이 '오미자 생막걸리'는 안 된다는데, 일개 신생 양조장 대표가 고집 피운다고 될 일이 아니지 않은가? 그런데 홍 대표의 뚝심은 대단했다.

홍 대표도 믿는 구석이 있었다. 바로 오미자의 효능이다. 오미자는 신맛이 강한 게 특징이지만, 살균 효과가 있다. 그래서 술맛이 변질되지 않고 오래가도록 하는 역할을 한다. 말하자면, 방부제 역할을 한다는 얘기다. 그래서 오미자가 들어간 막걸리는 굳이 살균처리를 하지 않아도, 오미자 자체가 방부제 역할을 한다.

홍 대표는 "살균 막걸리가 아닌 생막걸리로 만들어도 변질이 생기지 않는다."고 설득에 나섰다. 오랫동안 공을 들인 때문일까? 먼저 문경시의 입장이 변했다. 지역의 특산품인 오미자의 소비를 장려해야 하므로 결국 문경시에서는 이런 홍 대표의 의견을 지지했다. 하지만 최종 결정은 중앙부처인 국세청의 권한이었다.

"술 신상품 허가권을 가진 국세청 기술연구소와 수십 차례 통화를 했어요. 처음에 양조장을 차렸을 때 국세청 기술연구소 직원이 답사를 왔었습니다. 그때 안면을 튼 직원에게 통화를 하면서 매달렸지요. '국세청장님께도 꼭 말씀해달라. 오미자가 들어간 생막걸리, 자신있다'고. 하도 떼를 쓰니 국세청 담당자가 '윗분들과 한번 상의해보겠다'고 한발 물러났어요. 결국 수개월이 지나서 국세청에서 허가가 떨어졌습니다. 그래서 '과일이 들어간 막걸리 1호'인 오미자막걸리가 세상에 나오게 된 거지요. 뭐든지 1호가 어렵습니다. 오미자막걸리가 출시되자, 그다음부턴 온갖 과일이 들어간 막걸리들이 줄줄이 세상에 나왔지요."

천연 재료, 제조 특허 받은
오미자막걸리

그렇다면 문경주조에서는 오미자막걸리를 어떻게 만들까? 오미자 과육을 쌀, 누룩과 함께 발효 초기부터 넣는 걸까? 그리고 얼마나 넣는 걸까? 이 질문에 홍 대표는 즉답을 피했다. 오미자막걸리 제조법 공개는 '제조 기밀'에 해당한다는 것이다. 홍 대표의 얘기를 좀 더 들어보자.

"오미자막걸리 제조법은 2011년 특허청에 등록했을 정도로 비밀에 붙였습니다. 오미자막걸리 병을 자세히 보면 '건강증진 기능성 제조방법특허' 숫자가 적혀 있어요. 오미자막걸리 제조 특허를 받았다는 얘기입니다. 다른 양조장들이 쉽게 모방하지 않도록 하기 위해서였지요. 출시에 앞서 특허출원부터 먼저 했어요.

그래도 소용없었어요. 일 년도 안 돼 고만고만한 오미자막걸리 제품들이 쏟아져 나왔어요. 심지어 오미자를 넣지 않고, 빨간 오미자와 비슷한 색깔을 내는 인공색소를 넣는다든지 하는 편법을 사용해서 짝퉁 오미자막걸리를 내놓기도 했지요. 이런 가짜 막걸리들이 오리지널 제품인 우리 오미자막걸리 이미지를 많이 실추시켰어요. 그것도 문경시 안에 있는 양조장들이 그랬지요. 그러지만 않았더라면 오미자막걸리 위상이 지금보다 훨씬 높았을 거예요. 그래도 오미자막걸리는 여전히 문경주조의 효자상품입니다. 전체 매출의 50~60%를 지금도 차지하지요."

그럼에도 오미자막걸리 제조과정이 궁금하다고 하니, 홍 대표는 제조법을 살짝 공개했다.

"5년 이상 숙성시킨 오미자 농축액을 발효 시작할 때 먼저 넣고, 건오미자 우린 물을 또 넣어요. 겨울에는 3일, 여름에는 2일 정도 우린 물을 막걸리 발효 도중에 추가로 넣습니다. 농축액이든 우린 물이든 모두 천연 재료만 씁니다. 이러고도 소비자가격이 한 병에 2,500~3,000원 정도면 정말 착하지 않은가요?"

문경주조 양조장이 여느 양조장들과 또다른 점은 발효, 숙성실을 황토방으로 꾸몄다는 점이다. 발효실뿐 아니라, 홍 대표 거주 공간 역시 황토벽을 발랐다. 사람 몸에 좋다는 황토가 술에도 좋은 걸까?

"황토로 마감한 공간이 모든 술의 발효, 숙성에 좋다고 해요. 황토가 사람은 물론, 술 발효에도 좋다는 얘기겠지요. 그래서 막걸리 만드는 데 만족하지 말고, 정말 좋은 전통주를 좋은 공간에서 만들어보자는 생각에서 빌효·숙성실을 황토방으로 꾸몄습니다. 이곳의 황토는 흔히 하듯이 경화제를 넣어 단단하게 만들지 않고, 해초풀과 찹쌀풀을 넣어 반죽을 해서 벽돌을 만들었어요. 물에 담그면 다 풀어질 정도지요. 벽돌은 기계로 찍지만, 자연 건조를 시켰습니다. 그래서 가격이 꽤 비싸요.

발효·숙성실 외에 주거공간도 황토벽으로 마감했는데, 그 전에 흔했던 잦은 피로감, 감기 같은 잔병치레가 없어졌어요. 술도 마찬가지 아니겠나 싶어요. 사람에게 좋은 황토방이 좋은 술 만드는 데도 도움이 되고 있습니다."

'오희' 스파클링 막걸리,
2018년 평창올림픽 건배주로 선정

황토방 발효실에서는 문경주조의 프리미엄 전통주를 빚는다. 문경주조는 첫 제품인 오미자막걸리가 대박을 친 데 힘입어, 차근차근 준비해 프리미엄 전통주를 잇달아 내놓았다. 2013년에는 수제 전통주 문희(탁주), 2015년에는 문희주(약주), 그리고 2017년에는 오희 스파클링 막걸리를 출시했다. 이 술들 역시 황토방으로 지어진 발효실, 숙성실을 거쳐 완성된다.

본격적인 프리미엄 전통주 제조는 2013년 문희 탁주가 시작이다. 술 이름 '문희'는 문경의 옛 이름으로 '기쁜 소식을 듣는다'는 뜻이다. 문희 탁주는 고려시대 왕에게 진상하는 술로, 궁궐에서 빚는 술이었다. '세 번 담금'의 삼양주 방식으로 만드는데, 황토방에서 90~100일 옹기 숙성을 거쳐 완성된다.

문희 탁주는 100% 수제 술이다. 기계는 전혀 사용하지 않는다. 그래서 몸이 힘들 수밖에 없다. 귀하고 정성이 많이 들어간 술이다. 홍 대표는 "고두밥을 쪄서 발효가 잘 되도록 치대기하는 것도 정말 장난이 아니다 싶을 정도로 힘들다."고 말했다.

이렇게 갖은 정성으로 만든 문희 탁주 반응은 어땠을까?

"여러 사람들에게 문희 탁주를 맛보여줬습니다. 대부분 첫 반응이 '술에 뭘 넣었느냐?'는 질문이었지요. '쌀, 누룩, 물 외에 더 넣은 게 없다' 고 답하니까 '그런데 어떻게 이런 과일 맛이 나느냐?'고 다들 신기해했어요.

다른 사람이 만든 술과 내가 만든 술의 또 다른 차이는 '손맛'이에요. 술맛은 손맛이 좌우하지요. 우리 양조장이 '찾아가는 양조장'에 선정됐기 때문에 가끔 체험주 만들려고 오는 분들이 있어요. 술 만드는 과정에서 한 사람이 치대는 경우, 세 사람, 다섯 사람이 치대는 경우가 있는데, 술은 많은 사람이 손댈수록 더 맛있어집니다. 사람 손에는 우리 눈에 보이지 않는 효모가 묻어 있는데, 여러 사람의 다양한 효모가 들어간 술이 더 맛있다는 얘기지요. '술은 손맛'이라는 얘기가 이래서 나왔어요. 그래서 우리 양조장에서는 술 만들 때 치대기를 여러 사람이 돌아가면서 합니다. 여러 사람 손의 효모가 복합적으로 작용해 술맛이 더 좋아지라는 뜻에서이지요."

문경주조는 평창동계올림픽을 계기로 또 한 번 전국적으로 유명세를 탔다. 문경주조의 '오희' 스파클링 막걸리가 2018년 평창올림픽 공식 건배주로 선정됐기 때문이다. 오희 문경오미자 스파클링 막걸리는 친환경 우렁이 농법으로 지은 지역 햅쌀로 술을 빚은 다음, 맑은 술만 걸러서 2차 발효해 만든다. 2차 발효 때 문경 오미자를 다량 넣어, 오미자의 붉은 빛깔을 잘 살렸다. 2차 발효까지 거친 덕분에 생긴 천연 탄산과 다섯 가지 오묘한 맛이 특징이다. 합성 감미료는 일체 쓰지 않고 상큼하고 풍부한 천연 탄산의 맛을 그대로 느낄 수 있다.

스파클링 막걸리 '오희' 제조법

친환경 햅쌀로 술을 빚는다.
▼
맑은 술만 거른다.
▼
오미자를 첨가해
한 달 이상 2차 발효를 한다.
▼
병입 숙성

홍 대표는 오희의 특징을 '싱그러움(천연 탄산)과 부드러움(햅쌀의 단맛)의 조화'라고 말했다. 홍 대표는 제조방식 공개를 꺼린 오미자막걸리와는 다르게 오희 제조법은 비교적 상세하게 설명해줬다.

"오희는 1차 발효 후 탄산을 강화하기 위해 2차 발효를 거칩니다. 오미자막걸리, 문희탁주처럼 일반 막걸리는 한 번의 발효로 끝나요. 그런데 오희는 1차 발효를 끝낸 술 중 맑은 약주 부분만 떠내 오미자를 첨가해 2차 발효에 들어갑니다. 2차발효 탱크는 공기가 드나들지 못하는 특수탱크를 씁니다. 발효 과정에서 생기는 탄산가스가 외부로 나가지 못하도록 가둬두는 것이죠. 이때 최소한 한 달 이상 발효(2차)를 시켜야 오미자에서 우러나는 향이 제대로 납니다. 1차 발효도 짧으면 15일, 길면 한 달 걸립니다. 결국 병입해서 숙성까지 거치는 시간을 다 합하면 3개월은 걸리는 셈이죠. 병 밑에 침전물이 약간 생기지만, 전체적으로는 붉은 오미자색이 도드라지는 투명한 스파클링 형태입니다."

직접 키운 홉 넣어 쌉싸름한 '폭스앤홉스', MZ세대 좋아해

문경주조가 가장 최근에 내놓은 신제품은 2020년에 나온 '폭스앤홉스'다. 맥주의 쌉싸름한 맛을 내는 홉을 막걸리에 넣은 제품이다. 그래서 맛이 맥주 같기도 하고, 화이트와인 맛이 난다는 평도 있다.

그런데 홉이라니? 국내에 대기업 맥주회사는 말할 것도 없고, 크고 작은 수제맥주 회사들 중에도 국산 홉을 사용하는 사례가 드물다. 국산 홉을 생산하는 농가 자체가 거의 없고, 있다 하더라도 외국산 홉이 훨씬 가격이 저렴하기 때문이다. 그런데 직접 기른 홉을 넣은 막걸리라니? 문경주조가 쓰는 홉은 양조장 인근의 밭에서 직접 기른 것이라고 한다. 문경주조 김태환 실장이 말린 홉을 창고에서 가져와서 필자에게 보여주었다. 쌉싸름한 향이 코 전체를 덮을 정도로 향이 진하다.

문경주조는 왜 홉을 넣은 막걸리를 만들었을까? 그리고 오미자막걸리(2008년)의 성공을 이을 후속타로 왜 폭스앤홉스(2020년)를 내놓은 걸까? 이런 의문에 홍 대표는 "쌉싸름한 수제맥주를 즐기는 젊은 층에서도 전통주를 쉽게 접했으면 하는 생각에서 홉이 들어간 술을 만들었다."고 대답했다.

　　그렇다면 폭스앤홉스는 어떤 맛일까? 전통술 홍보 플랫폼 대동여주도 이지민 대표의 시음평은 일단 호의적이다.

　　"병 뚜껑을 오픈하는 순간 기포들이 뽀글뽀글 경쾌하게 밀려 올라옵니다. 막걸리인데 마치 맥주를 오픈하는 듯한 느낌이 들어 신선했어요. 컬러도 맥주를 연상시키죠. 막걸리의 뽀얀 아이보리 빛 컬러를 상상하면 오산입니다. 약간의 주황빛이 보이는 톤 다운된 황금빛 컬러를 띱니다. 코를 대고 향을 맡아보아도 이색적인 느낌이 들어요. 막걸리에서 연상되는 향들이 아닌 시원한 홉의 풍미, 맥주에서 느껴지는 향이 피어오릅니다. 업장에서 이 술을 잔에 따라서 서빙하면 막걸리라고 생각하는 사람이 과연 있을까요? 맥주라고 판매해도 많은 사람들이 믿을 것 같습니다."

그러나 폭스앤홉스의 시장 반응은 아직 뜨겁지 않다. 가장 큰 이유가 다소 높은 가격 탓인데, 막걸리 주세(리터당 42.9원) 대우를 못 받고 기타주류 주세를 내야 하기 때문이다. 막걸리보다 훨씬 많은 세금을 내는 탓에 병당 소비자 가격이 만 원이 넘는다. 홍 대표는 "가격이 8,000원 정도가 적당한데, 세금이 너무 많다."고 했다. 세금이 많은 것은 홉 때문이다. 국세청에서 "홉이 첨가제로 들어간 술은 막걸리가 될 수 없다."는 해석을 내렸기 때문에, 막걸리보다 세금이 훨씬 많은 기타주류 취급을 받을 수밖에 없는 실정이다. 홍 대표는 "막걸리 맛의 다양성을 위해, 직접 기른 홉을 부재료로 넣었는데, 홉을 첨가한 막걸리는 주세법상 막걸리로 볼 수 없다니 기가 찬다."고 아쉬워했다.

홍 대표는 폭스앤홉스 용량을 다소 줄인 신제품 출시를 검토하고 있다. 현재 용량은 500ml인데, 이를 혼자서도 마실 수 있는 분량인 330ml로 줄인다는 것. 그러면 자연스럽게 가격도 만 원 밑으로 내려오는 효과가 있으니, 소비자들이 지금보다 손쉽게 마실 수 있지 않을까, 하는 기대감에서이다.

코로나로 더욱 정착된 '홈술, 혼술' 시대를 맞아 술 용량 줄이기는 대세다. 오미자막걸리도 현행 750ml에서 500ml, 300ml 소용량 제품 출시도 적극 검토 중이라고 홍 대표는 말했다.

"젊은 층이 많이 이용하는 온라인 시장을 앞으로 더욱 확대할 생각이며, 집에서 부담없이 즐길 수 있는 소용량 술을 계속 내놓을 계획입니다."

세상에 나온 지 14년이 된 오미자막걸리는 디자인 리뉴얼 작업도 함께 하고 있다. 기존 페트병은 유지하더라도 병 라벨에 변화를 줘서, 술이 새로워졌다는 이미지를 주겠다는 의도에서다.

문경주조의 다음 신제품은 증류주가 될 것이다. 오미자가 들어간 발효주를 상압증류시켜 유약을 바르지 않은 항아리에서 3년째 숙성 중이라고 한다. 오미자 증류주에 대한 홍 대표의 기대는 커보였다.

"시중에 팔고 있는 오미자막걸리를 증류시킨 것은 아니고, 증류주용으로 오미자 발효주를 따로 만들어 증류했습니다. 오미자 함량이 전체의 25~30%에 달할 정도로 많지요. 알코올 도수는 25도, 45도 두 제품으로 만들 생각이에요. 증류주 시장에 늦게 뛰어들었으니, 남들 다 하는 감압증류 대신 깊은 향을 내는 상압증류를 선택했습니다."

옹기 항아리에 있는 오미자 증류주를 조금 꺼내 한 모금 시음했다. 그윽한 오미자 향이 입안 전체로 퍼져 한 번 놀랐고, 현재 알코올 도수가 51도쯤이라는 말을 듣고 한 번 더 놀랐다. 51도 고도주치고는 목넘김이 아주 부드러웠기 때문이다.

문경은 오미자의 고장이다. 국내 가장 비싼 증류주 중의 하나인 '고운달' 역시 이곳 문경 오미자로 만든다. 머지않아 또 하나의 오미자 증류주가 전통주 시장에 화제를 모을 것 같다는 기대를 가져본 순간이었다.

제품명, 제조장	**서울장수막걸리(6도)** 서울탁주연합
색상, 질감	약간 하얀 아이보리색. 탁도는 중간 하얀 아이보리색. 질감은 라이트하다.
향	바닐라, 구수한 향 참외, 요거트향 과일향
맛	단맛이 있고, 약간의 신맛도 느껴진다. 단맛은 중간. 라이트하고 청량감이 높다.

서울장수막걸리 6도

연간 2억 병이 팔려 '국민 막걸리'라는 애칭이 붙은 막걸리. 탄산감이 강해 청량함이 다른 막걸리와의 차이점. 1978년 국내 최초로 페트병에 담아 소단위(한 병씩) 포장을 시작했다. 장수막걸리는 신선도 면에서 타의 추종을 허락하지 않는다. 2020년부터 '십장생(10일 유통되는 장수 생고집)' 막걸리를 유지하고 있다. 서울 6곳과 충북 진천공장 등 총 7곳에서 장수막걸리를 생산, 전국에 유통한다. 대부분 수입쌀로 막걸리를 빚으며, 점차 국내쌀 제조 비중을 높여가고 있다. 무감미료 막걸리 개발도 마무리해, 조만간 프리미엄 막걸리도 선보일 예정이다.

서울탁주제조협회 장재준 회장은 2020년부터 회장을 맡고 있다.

_서울장수막걸리 장재준 회장

국내 막걸리 업계 1위 '장수 생막걸리'로 유명한 서울탁주제조협회가 설립 60주년을 맞았다. 구한말 이전부터 운영하던 서울지역 양조장들이 1962년 2월, 서울주조협회를 만들며 시작해, 1980년에 서울탁주제조협회로 이름을 바꿔 지금에 이르고 있다.

원래 서울 시내 51개 양조장이 있었다가 7개로 통폐합되었고, 최근에 코로나 영향을 받아 1개 양조장이 폐업해 다시 6개 양조장으로 줄었다. 2010년에는 회원사들이 출자해서 만든 서울장수주식회사가 출범하여 충북 진천에 국내 최대 규모의 막걸리 양조장을 운영하고 있다. 서울 6개, 그리고 진천공장에서 만드는 막걸리들은 각기 운영 주체는 다르지만 모두 '장수 생막걸리'라는 공동 브랜드를 사용한다. 브랜드뿐 아니라, 품질, 맛도 동일하다. 막걸리가 본격적으로 대중화되기 시작한 1970년대부터 남들보다 앞서, 주질 개선에 노력해온 덕분이다.

국민 막걸리로 사랑받는
장수막걸리

|

일 년에 무려 2억 병이 팔려, 1분에만 380병이 팔린다는 장수막걸리의 성공비결은 무엇일까? "국내산 쌀을 쓰지 않고 값싼 수입쌀로 막걸리를 만든다.", "쌀을 적게 넣는 대신 감미료인 아스파탐을 잔뜩 넣어 인공적인 단맛을 낸다."는 오명을 지금도 벗지 못함에도 불구하고, '국민 막걸

리'라는 애칭을 여전히 갖고 있는 이유는 무엇일까?

단순히 '가격이 저렴해서일 것'이라고 생각한다면 오산이다. 장수막걸리는 막걸리 업계 최초로 소용량(당시는 1L) 페트병 용기를 만들어, 냉장 유통 및 보관이 가능하게 했으며, 식품공학 연구원들이 운집한 연구소에서 '저온발효 공법'을 개발, 고른 품질의 막걸리를 생산하는 데도 성공했다. 장수막걸리에 대한 호불호는 있겠지만, '막걸리의 대중화'에 장수막걸리만큼 기여도가 높은 술은 아직까지는 없었다 해도 과언이 아닐 것이다.

서울탁주제조협회는 1978년, 막걸리 업계 최초로 1L(나중에는 750ml로 용량 조정)씩 소단위 포장 판매를 시작했다. 지금은 페트병 막걸리가 지천이고, '친환경' 유리병 막걸리도 드물지 않지만, 당시 양조장에서는 2,000L 탱크로리를 탑재한 삼륜차에 막걸리를 실어, 시중에서 한 말(20L) 단위로 통에 담아 판매했었다. 이른바 '말 통(한말 통)'에 담긴 막걸리는 용기 안에서 술이 자연발효돼 탄산가스가 폭발하거나 맛이 변하는 경우가 많았다.

'막걸리 맛이 유통과정에서 쉽게 변한다'는 점을 개선하기 위해 서울탁주(서울탁주제조협회)가 내놓은 기술이 오늘날 당연하게 생각하는 페트(PET)병 막걸리였다. 페트병 막걸리는 온도 관리가 가능한 점이 가장 큰 매력이었다. 페트병 막걸리를 최초로 개발하여 출시한 주역이 서울탁주였다. 이를 계기로 장수막걸리를 생산하는 양조장들은 대량 생산, 대량 유통 체제를 갖추게 됐고, 증산에 증산을 거듭하면서 연간 2억 병의 판매를 이어오고 있는 것이다.

장수막걸리의 또다른 장점은 균일한 맛이다. 사실, 서울탁주제조 협회 산하 양조장들은 독립경영을 하고 있어 연간 매출 같은 자료도 협회에서 알지 못한다. 일 년에 얼마나 팔았는지, 연간 수입이 얼마인지를 협회조차 알지 못한다는 것이다. 그럼에도 불구하고, 개별 회원사에서 만드는 '장수 생막걸리'는 맛과 품질이 동일하다. 어떻게 그게 가능할까?

우선 서울탁주는 1996년 자동제국기(막걸리 발효를 담당하는 입국을 생산하는 설비)를 최초로 도입해, 입국 품질의 고급화 및 균일화에 애썼다. 그 전만 해도 한 제조장 안에서도 발효균을 배양하는 사람이 누구인지에 따라 술맛이 달라지는 것이 고민이었는데, 막걸리 제조 핵심 원료인 입국 품질관리를 위해 과감한 시설투자를 단행한 것이다.

이 밖에도 식품공학을 전공한 연구원들로 구성된 연구소를 별도로 운영하는데, 이곳에서 제조 공법 연구개발, 신제품 개발 등을 담당한다. 공정 표준화를 통해 믿고 마실 수 있는 막걸리를 소비자에게 전달하는 것도, 고른 품질의 막걸리를 생산하는 데 결정적 역할을 한 '저온발효 공법'을 개발한 것도 연구소의 몫이다. 저온발효 공법이란 발효 탱크 내부에 파이프를 달아, 발효가 진행되는 동안 적정 온도(23도)를 유지하도록 파이프 안에 냉각수를 흘려보내는 장치다.

신제품 개발 역시 서울장수 연구소의 역할이다. 서울탁주는 2023년 초 출시를 목표로 무감미료 프리미엄 생막걸리 개발에 박차를 가하고 있다. 당초 2021년 출시를 목표로 개발해왔다가, 코로나 복병을 만나 출시가 무한정 연기됐었다. 그러다 2년이란 세월이 흘러, 개발 콘셉트를 완전 새롭게 잡아야 했다.

신제품은 우선, 발효에 더 공을 들였다. 15일 정도 걸리는 장수막걸리보다 발효 기간을 5일 더한 20일로 늘렸고, 발효온도 역시 다소 낮게 설정했다. 발효 온도가 낮을수록 주질이 좋아진다는 점을 감안한 조치다. 그러나 신제품 이름이나, 용기(페트병 혹은 유리병) 등은 아직 미정이다. 염성관 서울장수 연구소장은 "무감미료 생막걸리는 국내산 쌀을 사용하고, 기존 장수막걸리보다 쌀 함유량도 두 배 이상 많다."며 "알코올 도수는 아직 확정하지 못했지만, 10도 내외일 것"이라고 말했다.

10일간 유통되는
신선한 막걸리

장수막걸리는 '신선도'에서 타의 추종을 불허한다. 대도시는 말할 것도 없고, 중소 규모의 웬만한 동네 슈퍼 매장에는 당일 생산한 제품들이 오후부터 이미 진열돼 애주가들을 기다린다. 막걸리 판매가 본격적으로 판매되는 저녁 무렵에는 대형마트, 동네 슈퍼, 식당 등 전국의 장수막걸리 판매업소에 당일 생산된 신선한 제품이 공급돼 있다.

장수 생막걸리는 2020년부터 '십장생(10일간 유통되는 장수 생고집의 준말' 막걸리를 유지하고 있다. '유통기한이 10일 지난 장수막걸리는 판매하지 않겠다'는 뜻이다. 그러나 실제로 판매 현장에선 '10일 전이 아니라 5일 전'에 생산된 장수막걸리도 보기 어렵다. 생산되는 즉시 유통되고, 유통되자마자 판매가 거의 끝나는 '선순환 구조'를 장수막걸리는 갖고 있다. 그 비결은 어디에 있을까?

충북 진천의 서울장수막걸리 공장은 국내 최대 규모를 자랑한다.

서울 6곳과 2010년에 지은 충북 진천공장 등 장수막걸리를 생산하는 7개 양조장은 새벽부터 생산을 시작한다. 여기서 말하는 생산이란, 발효된 막걸리를 750ml 투명 페트병에 주입하고 박스에 담는 공정을 말한다. 병에 담기 전 막걸리는 14일간의 발효를 거친다.

장수막걸리 7개 공장 중 가장 부지런한 양조장은 충북 진천공장이다. 전국의 대형마트에 제품을 공급하기 위해, 진천공장은 날짜가 바뀌는 새벽 0시부터 생산을 시작해, 아침 무렵에 생산을 끝낸다. '당일 생산, 당일 출고(유통)'의 원칙이 장수막걸리가 가장 신선한 막걸리를 생산하는 비결이다. 서울장수가 운영하는 진천공장은 장수막걸리 전체 판매의 27%(2021년 기준)를 차지한다.

진천공장이 아닌 서울 시내 장수막걸리 양조장 중 한 곳인 서울탁

서울탁주 성동연합제조장의 장수막걸리 생산 공정. 아침 7시를 전후해 병입 작업이 끝난다.

주 성동연합제조장을 찾았다. 막걸리 생산 현장을 사진에 담고 싶다고 하자, 성동양조장 측이 "아침이면 생산이 끝나니까 그 전에 와야 한다." 고 해서 7시쯤 현장에 도착했다. 다행히 막걸리 병 주입 공정이 끝나기 전에 도착해, 생산 현장을 카메라에 담을 수 있었다. '십장생' 장수막걸리는 자동세척된 페트병에 술이 담기자마자 곧바로 20개들이 박스에 담겨, 대기 중인 냉장 탑차에 속속 실려 서울 및 경기 지역 대리점으로 옮겨갔다. 이곳 성동양조장에서 만든 술은 양조장 소재지인 서울 성동구를 비롯해 노량진, 용산 일대, 그리고 경기 지역 중에는 수원, 분당, 오산 지역에 주로 배송된다.

이날 오전 5시에 시작해, 9시쯤 생산이 끝난 장수막걸리 수량은 6만 병. 서울탁주 성동연합제조장 김석중 관리부장은 "10도 정도의 온도에서 병에 담긴 술은 박스에 담자마자 10도 이하의 온도를 항상 유지하는 트럭에 바로 실려 나가기 때문에 단 1분도 공장에 머무를 틈이 없다."며 "제품을 쌓아두는 창고 자체가 공장에 없다."고 말했다.

국민 막걸리,
그럼에도 불구하고

서울 마포구 망원동에 있는 서울탁주(장수막걸리 생산업체) 본사를 방문했다. 서울탁주제조협회 장재준 회장을 만나기 위해서다. 1층에 장수막걸리 홍보관이 없었더라면 서울탁주 본사인 줄도 알기 어려웠을 정도로 규모가 작았다. 서울탁주 본사는 '3층 꼬마빌딩'이 다였다. 서울탁주제조협회 장재준 회장은 2020년부터 협회 회장을 맡고 있다.

　'국민 막걸리'라 불릴 정도로 사랑받는 장수막걸리지만 술 담당 기자 입장에서 보면 탐탁치 않는 곳이 한두 군데가 아니다. 병당 겨우 30원 정도의 세금을 낼 정도로 세금 특혜를 받으면서도, 수입쌀로 만드는 비중이 90%에 달한다. 이나마도 이마트, 롯데마트 등 대형마트들이 "수입쌀로 만든 막걸리는 취급하지 않겠다."고 하자, 그제서야 국산 쌀 제품을 만들기 시작해 이제 10% 정도를 국산 쌀로 만들고 있다. 우리 쌀이 남아도는 형편인데도, 우리 쌀을 외면하는 장수막걸리를 국민들은 왜 좋아하는지 궁금했다.

　그뿐 아니다. 국산 쌀로 만들든 수입쌀로 만들든 장수막걸리는 인공 감미료인 아스파탐으로 단맛을 낸다. 알코올 도수 95%의 주정에 물과 인공감미료를 타서 16% 도수의 술로 만든 희석식소주와 별로 다를 게 없다.

폐쇄적인 회사 경영정책도 언급하지 않을 수 없다. '상장기업'이 아니라는 이유로 진천공장을 제외하고는 경영실적을 전혀 공개하지 않는다. 서울 6곳 양조장의 개별 일 년 생산량, 매출, 영업이익, 대표의 연봉액 등에 대해서는 서울탁주 본사마저도 모른다고 한다. 51명의 조합원(주주) 중에서 선출되는 서울탁주 회장은 늘 베일에 가려져 있다. 언론의 인터뷰 요청에도 거의 응하지 않는다. 장재준 회장과의 인터뷰는 이런 와중에 어렵게 성사됐다.

장 회장에게 처음 던진 질문은 '십장생'이었다. '10일 유통기한 내에 팔지 못한 제품은 전량 폐기처분하겠다'는 의지가 있지 않고서는 감행할 수 없는 판매전략(생고집)이기 때문이다.

"장수막걸리의 '유통기한 10일'은 당일 생산, 당일 유통판매의 의미입니다. 생산하는 그날 바로 출고를 합니다. 그래서 10일 이내에 장수막걸리를 마시라는 것인데, 대개 일주일을 넘기는 경우가 거의 없지요. 그만큼 빨리 판매가 마무리된다는 겁니다. 그만큼 신선한 제품을 소비자들이 마실 수 있도록 '10일 유통' 원칙을 고수하고 있습니다.

장수막걸리는 특유의 탄산감과 신선한 생막걸리 본연의 맛을 즐길 수 있도록 10일간만 판매하고 있지만, 장수막걸리보다 판매량 자체가 적어 지방의 소매점에서 오래 판매할 수 있도록 한 인생막걸리는 유통기한이 30일입니다."

장수 생막걸리가 국민 막걸리로 사랑받는 또 하나의 비법은 신선함을 유지시켜주는 캡(페트병 뚜껑)이다. 뚜껑 안에 '멤브레인'이라 불리는 부직포 캡(숨구멍이 있는 생막걸리 전용 캡)이 있다. 이 부직포는 약간의 두께가 있어 그 사이로 탄산가스를 배출하는 기능을 한다. 장수막걸리는 병 속에 살아 있는 효모가 여전히 왕성한 발효활동을 하기 때문에 발효과정에서 생기는 탄산이 외부로 빠져나가도록 만든 것이다. 이 '뚜껑의 비밀'에 장수막걸리의 신선함이 오롯이 담겨 있다. 다만, 이 때문에 막걸리병을 세우지 않고 옆으로 눕혀 두면 술이 밖으로 새어나온다. 부직포와 병 뚜껑 사이에 미세한 틈이 있기 때문이다. 막걸리를 세워서 보관하라는 이유다.

서울탁주는 최근 국산 쌀로 만든 제품의 라벨을 수입쌀 라벨과 완전히 달리했다. 최근까지도 병뚜껑만 흰색(국산 쌀)과 녹색(수입쌀)으로 구분하고 라벨은 동일한 것을 썼던 것에 비하면, 진일보한 조치다. 그동안 수입쌀로 만든 막걸리를 안 받겠다는 마트들 때문에 부득이 국산 쌀 제품을 만들었지만, 소비자들에겐 적극적으로 이를 알리려 하지 않았다. 때문에 수입이든 국산이든 같은 라벨을 사용하고, 병 뚜껑 색깔로만 소극적으로 구분해왔다. 당연히 장수막걸리 병뚜껑 색깔이 흰색과 녹색병 두 가지가 있다는 것, 그리고 병 색깔이 무얼 뜻하는지 모르는 소비자가 대부분이었다. 국산 쌀 장수막걸리 라벨을 달리한 것은 국산 쌀 제품을 적극적으로 알리겠다는 의지의 표현이리라.

"전체 장수막걸리 중 국산 쌀로 만든 제품은 전체의 11~12% 가량

됩니다. 대형마트에 주로 공급하는 진천공장의 경우엔, 국산 쌀 비중이 60%에 이르지요. 나머지 공장들은 여전히 수입쌀로 만든 제품을 주로 생산합니다.

수입쌀 비중이 높은 데는 제조원가(수입쌀로 만든 제품이 병당 100원 가량 더 싸다) 문제도 있지만, 쌀 수급 문제도 있습니다. 국내산 쌀은 가격이 올랐다 내렸다 하는 폭이 좀 큰 게 사실입니다.

또 하나 지적하고 싶은 것은 막걸리 원료로 쓰는 국산 쌀은 3년된 정부미입니다. 한마디로 묵은 쌀이죠. 반면에 수입쌀은 햅쌀입니다. 전분, 당 같은 성분만 따졌을 때는 크게 차이가 없고, 되레 수입쌀이 더 품질이 낫다고 볼 수도 있습니다. 국산 쌀로 만든 장수막걸리와 수입쌀로 만든 장수막걸리를 블라인드 테이스팅하면 대부분 구분 못합니다. 맛의 차이가 거의 없기 때문이죠."

공동브랜드로
시너지를 만들다

장수막걸리를 만드는 서울탁주의 시작은 1909년 무교양조장이다. 이는 서울탁주 본사가 보관 중인 조선주조사(1935년) 기록에 의한 것으로, 실제로는 1909년보다 더 앞섰을 것으로 보고 있다. 기록상으로도, 100년 가까운 역사를 지닌 양조장인 지평양조, 양촌양조를 앞선다.

그런데 1963년 서울 지역 51개 양조장들이 합동 제조장으로 개편되면서 7개 양조장으로 통폐합됐다가 지금은 6개 양조장이 운영 중이다. '주세 징수 편의'를 위해 정부가 개편을 주도했을 것이란 게 서울탁주 측의 설명이다.

1960년대, 7개 양조장으로 통합된 양조장들은 이때부터 동일한 레시피로 막걸리를 만들기 시작해, 1966년 '장수 생막걸리'라는 공동브랜드 제품을 시장에 내놓기 시작해 지금껏 1위를 지키고 있다. 현재 장수막걸리를 생산하는 서울의 6개 양조장들은 이전에 51개 양조장이 통폐합된 것으로, 지금도 51개 조합원(주주)들이 공동 경영하고 있다.

이들 서울 양조장들은 2009년 산하법인 서울장수주식회사를 설립, 2010년 충북 진천에 공장을 준공, 캔 막걸리를 출시하는 등 국내 막걸리 업계를 주도하는 막걸리 전문기업으로 거듭나고 있다.

6개 양조장 대표, 서울탁주 본사 회장도 이들 51명의 주주들이 돌아가며 맡고 있다. 주주 역시 1대 할아버지(양조장 창업자)에서, 2대, 3대로 내려오고 있다. 다른 양조장과는 다르게, '합동 제조장'이라는 특수한 조직으로 경영한 탓인지, 회사 경영이 다소 폐쇄적이라는 지적이 있다.

우선, 회원사 주주들이 번갈아 맡는다는 회장 선출 절차를 물었다.

"회장 선출은 51명의 조합원(주주)들이 합니다. 이중 6명은 6개 양조장 대표를 맡고 있지요. 회장 임기도 딱히 정해놓은 게 없어요. 관련 정관이 아예 없지요. 1963년 합동 제조장 출범 당시, 회사가 이렇게 오래 갈 줄 몰랐기 때문에 양조장 대표 임기, 전체 회장 임기 등을 정하지 않았다고 합니다. 또 당시에는 전체 양조장을 대표하는 회장 맡기를 서로 꺼리기도 했고요. 정부나 국회에 불려갈 수도 있고 귀찮은 자리였지요. 이동수 고문이 24년 동안 회장을 했는데, 지금 장수막걸리 성장의 토대를 다 마련한 분입니다."

서울의 6개 생산 공장과 진천공장 등이 연간 생산하는 장수막걸리 전체 규모는 얼마나 될까?

"연간 2억 병 남짓이에요. 2010년에 지은 진천공장 비중이 전체의 27%를 차지합니다. 진천공장은 서울 공장 서너 개 생산량과 맞먹는 가동률을 갖고 있지요. 전 세계적으로도 막걸리 공장으로는 가장 규모가 클 거예요. 진천공장의 경우, 새벽 4시까지는 주력제품인 생막걸리를 생산하고, 그 이후 시간에는 수출용 제품이나 살균 막걸리를 생산하는 식으로 생산설비를 바쁘게 돌립니다."

최근 몇 년간의 매출과 영업이익을 물었다.

"서울 망원동에 있는 장수막걸리 본사는 여느 기업의 본사와는 성격이 다릅니다. 서울 양조장들은 독립적인 회사지요. 장수막걸리라는 공동브랜드를 사용할 뿐, 본사에 경영실적을 공개할 의무가 없어요. 이 때문에 서울 6개 양조장의 매출, 이익 등은 본사도 알 도리가 없습니다. 나 역시 '서울탁주 제조장의 회장'이라기보다는 '서울탁주 제조장 조합장' 성격이 더 맞다고 생각합니다. 다만, 6개 양조장이 공동으로 설립한 진천공장은 영업실적이 공개됩니다. 진천공장은 2021년 413억의 매출을 거두었지요."

마지막으로 신제품 출시 계획을 물었다. 막걸리 외에 약주, 증류식 소주 등으로 제품군을 늘릴 계획은 있는지, 무감미료 고급 라인 출시 일정 등에 대해 질문했다.

"인공감미료를 전혀 넣지 않은 프리미엄 막걸리는 사실 개발이 끝났습니다. 다만, 코로나 유행으로 현재 시장 여건이 좋지 않아 당장 출시하지는 못하고 있지요. 2023년 초로 출시 시기를 보고 있습니다. 막걸리 외에 약주, 증류주 같은 제품군을 확대하는 것은 아직 계획이 없습니다."

장수막걸리는 2020년 6월, 페트병 색깔을 녹색에서 흰 투명색으로 바꾼 데 이어 2021년부터는 라벨을 쉽게 분리할 수 있도록 전 제품에 에코탭 라벨을 붙이고 있다. 재활용 용이성을 높이기 위한 조치다.

"국내 최초로 페트병을 막걸리에 도입한 업체가 서울탁주인 만큼, 환경 측면도 가장 앞서 고려합니다. 패키지 용기는 신선한 맛을 지키는 기본 역할 외에 환경을 지키는 데도 영향을 미치는 부분일 테니까요."

장 회장은 이렇게 말을 마쳤다.
서울장수막걸리는 대중적인 막걸리의 대표 주자인 만큼, 앞으로도 원료, 환경 등 여러 면에서 선구적인 역할을 할 것으로 기대해본다.

제품명, 제조장	**지평생막걸리(5도)** 지평주조
색상, 질감	연한 아이보리색, 라이트한 무게감. 재료로 드물게 밀이 들어가서 색이 노르스름함. 쌀 함유량이 적어 탁도가 낮다.
향	곡물, 바닐라향 도드라진 향이 없다.
맛	단맛이 높다. 서울(탄산감이 강함)과 지방(탄산은 약한 대신, 단맛이 강함) 중간 스타일의 탄산감. 시골다운 느낌.

지평생막걸리 5도

지평막걸리의 가장 큰 특징은 일반 막걸리보다 1도 낮은 5도 막걸리라는 점. 막걸리 발효를 의도적으로 일찍 마무리해 당분이 일부 남게끔 했다. 그래서 알코올 도수 5도 치고는 바디감(입안에서 느끼는 막걸리 무게감)이 있고, 자연스런 단맛을 느낄 수 있다. 지평막걸리를 생산하는 춘천공장은 대형 맥주공장 수준의 생산설비를 자랑한다. 일정 온도 유지를 위해 발효탱크를 3중막으로 둘러싸, 중간에 냉매가 흐르도록 해, 발효가 한창 진행되더라도 탱크 내 온도가 일정 온도 이상으로 올라가지 않도록 자동제어하고 있다. 지평막걸리 한 제품으로 12년 만에 매출이 200배 뛰었다.

지평주조 '4대' 김기환 대표는 10여 년 만에 매출을 200배 키웠다.

_지평주조 김기환 대표

경기도 양평군 지평리에 있는 지평주조는 1925년 세워진 한국에서 가장 오래된 양조장 중 하나다. 6·25전쟁의 판세를 뒤집은 지평리 전투를 이끈 유엔군의 작전기지로 양조장이 활용됐고, 지상파 드라마 배경으로까지 나오기도 한, 100년 가까운 역사가 깃든 곳이다. 1대 사장인 고 이종환 씨가 설립한 지평주조는 1960년에 주인이 바뀐다. 김기환 현 대표의 할아버지 김교십 2대 사장이 지평주조를 인수했고, 아들 3대 김동교 대표에 이어 2010년부터 4대 손자 김기환 대표가 13년째 경영을 맡고 있다.

2억에서 400억대로,
지평주조의 도약

|

"아들아, 사양산업인 막걸리 사업을 물려받아서 뭘 하겠다는 거니? 차라리 다른 사업을 해라."

직원 3명에 연간 매출이라고 해봤자 2억 원이 고작이었다. 초라한 규모의 막걸리 사업을 아들이 물려받겠다고 하자, 김동교 지평주조 대표는 반대했다. 그러나 아들 김기환은 물러서지 않았다. 그게 2009년 일이었다.

당시 지평막걸리는 시골 동네막걸리 이미지를 벗어나지 못했다. 일본 내 한류 바람을 타고 한국 막걸리 수출이 한때 붐을 일으켰지만, 지평주조는 일본은커녕, 서울에도 진입하지 못했다. 지금 같은 750ml 페트병 자체가 없었고, 대용량 20L 말통에 담아 동네 식당에나 겨우 팔았다. 발효 온도 조절장치가 발달되기 전이라, 막걸리 맛도 들쑥날쑥했다.

형편이 이렇다보니, 지평주조의 3대 김동교 대표는 막걸리에 올인하지 않았다. 막걸리 양조보다는 정미소 사업이 주업이었다. 연간 정미소 매출이 막걸리 매출의 수십 배가 컸다. 그런데 서울에서 번듯한 대학까지 나온 아들이 정미소도 아닌 막걸리 사업을 해보겠다니, 기가 찰 노릇이었다. 그러나 고집 센 아들 김기환은 2010년부터 지평주조 대표이사 자리를 꿰찼다.

그로부터 12년, 2022년 새해가 밝았다. 1년 전인 2021년 지평주조의 연 매출은 무려 401억 원을 찍었다. 김기환 대표가 취임한 2010년 매출이 2억 원이었던 점을 감안하면, 11년 만에 매출이 200배 커진 셈이다. 국내는 물론 세계 어느 양조장에서도 찾아보기 드문 초고성장 스토리가 아닐 수 없다. 10여 년 사이에 지평주조에서 무슨 일들이 있었던 것일까? 도대체 김기환 대표가 얼마나 대단한 술을 만들었길래, 200배의 매출성장을 거둘 수 있었을까? 현재 지평주조는 장수막걸리로 유명한 서울탁주제조협회에 이어 막걸리 부문 매출 순위 2위다.

지평주조의 세 가지 성공 비결,
품질 관리, 전국 영업망 구축, 소비자 소통 강화

지평주조는 최근 2년여 동안 기승을 부린 코로나에도 불구하고, 매출이 수직상승했다. 코로나가 시작된 2019년 매출이 230억 원이었는데, 이듬해인 2020년은 308억 원으로 30% 이상 늘어났으며, 2021년에는 전년보다 매출이 거의 100억 원 늘었다. 대부분의 산업이 코로나의 영향으로 큰 타격을 입었지만, 오히려 코로나가 가져온 '혼술, 홈술 음주문화'의 덕을 톡톡히 본 셈이다. 매출성장에 대한 지평주조 측 설명은 이랬다.

"MZ세대 사이에서 뉴트로(복고를 새롭게 즐기는 경향) 트렌드가 유행하면서 '어르신들의 술'로만 인식됐던 막걸리에 힙한 이미지가 더해졌지요. 특히 코로나로 인해 사회적 거리두기가 지속되는 가운데, 혼술, 홈술 트렌드의 일환으로 소주에 비해 알코올 도수가 낮은 막걸리가 가정에서 인기를 끌었어요. 지평주조는 저도주, 뉴트로, 이색 콜라보레이션 등 다양한 트렌드에 대응해, 2030 젊은 층과의 소통을 강화해, 매출이 크게 늘었지요."

12년 만에 200배의 매출을 이룬 것에 대해 지평주조는 품질 고수, 전국 영업망 구축, 소통 강화, 세 가지를 비결로 꼽았다.

먼저 제품의 품질과 위생을 획기적으로 개선했다. 지평막걸리를 생산하는 춘천공장은 대형 맥주공장 수준의 생산설비를 갖추고 있다. 일반 막걸리 공장 생산설비보다 3~5배 비싼 수준이다. 가령, 발효탱크는

지평주조 춘천공장과 내부 생산라인.

일정 온도 유지를 위해 3중막으로 둘러싸여 있으며 중간에 냉매가 흐르도록 해서, 발효가 한창 진행되더라도 탱크 내 온도가 일정 온도 이상으로 오르지 않도록 자동제어하고 있다.

　품질 관리는 2010년 김기환 대표가 취임 직후 가장 심혈을 기울인 부분이기도 하다. 막걸리 맛의 균질화를 위해 김 대표 자신의 신혼부부 방을 양조장 바로 옆에 뒀다는 얘기는 지금도 회자된다. 김 대표는 '막걸리는 손맛이 아니라 과학'이라는 생각에서 맛을 지키면서도 대량생산하는 방법을 연구했다. 재료 양과 모든 공정을 수치화, 데이터화해 현대식 공장을 지었다. 그게 2018년, 110억 원을 투자해 만든 춘천공장이다.

　품질 고수만큼 지평주조가 성공한 또 하나의 비결은 전국 영업망 구축을 비롯한 영업 전략이다. 김기환 대표는 지평막걸리가 전국 막걸리로 거듭나기 위해서는 우선 수도권 중심에서 벗어나야 한다고 생각했다. 서울 중심에서 강원, 부산, 경남, 충청, 제주도까지 전국으로 영업망을 확대했다. 현재 지평막걸리를 취급하는 전국의 대리점 수는 142개에 이른다. 소비자들은 이제 편의점, 대형마트, 골프장까지 다양한 유통채널에서 지평막걸리를 손쉽게 구매할 수 있게 됐다. 김기환 대표는 "전국 영업망 구축은 장수막걸리보다 우리 지평주조가 앞선다."고 자부했다.

지평의 영업전략 중 차별화 포인트가 하나 더 있다고 김 대표는 말한다.

"국산 쌀을 쓰는 지평생막걸리는, 외국 쌀을 쓰는 장수막걸리보다 소비자 가격이 몇백 원 비쌉니다. 하지만 식당에서는 지평이 장수보다 1,000원 더 받아요. 그러니 결과적으로 장수막걸리 한 병 파는 것보다 지평막걸리 한 병 파는 게 마진이 더 좋은 셈이죠. 그래서 식당에서는 손님에게 지평막걸리를 더 권하고, 지평을 취급하겠다는 대리점도 덩달아 늘어나는 선순환구조를 이루게 됐습니다."

지평주조가 말하는 세 번째 비결은 소비자와의 소통 강화다. 저도주, 뉴트로 등 트렌드에 발빠르게 대응해 젊은 층과의 소통을 강화한 것이 매출성장에 큰 도움이 됐다는 설명이다. 주력 제품인 '지평생막걸리'의 알코올 도수를 5도로 낮춰 리뉴얼하면서 기존 6도의 국내 막걸리 시장에서 저도주 트렌드를 선도했다는 평가를 받는다. 물론 저도주 트렌드를 선도하기 위해 도수를 낮춘 것은 아니다. 맛의 표준화를 위한 수많은 실험과 관능평가를 거쳐 '알코올 도수가 5도일 때 가장 지평다운 맛과 향이 난다'는 결론을 얻었기 때문이다.

지평주조는 전 세대를 아우르는 다양한 맛의 신제품 라인업을 구축하고 있다. 최근 2030세대들 사이에서 스파클링 막걸리가 인기를 끄는데 착안하여 이마트와 협업해 2021년 스파클링 막걸리 '지평 이랑이랑'을 출시했다. 이에 앞서 2019년에는 1925년부터 막걸리를 빚어온 지평주조의 첫 레시피와 주조법을 복원해 '지평 일구이오'를 선보인 바 있다. 뉴트로 트렌드를 신제품 개발로까지 연결한 사례다. 지평 일구이오는 2022년 5월, 윤석열 정부 출범 후 처음 열린 '대한민국 중소기업인대회' 만찬주로 선정되는 영예를 안았다.

기분 좋은 단맛은 올리고
알코올 도수는 내리고

앞서 이야기했듯이 지평막걸리는 알코올 도수가 5도이다. 알코올 도수를 일반 막걸리(6도)보다 1도 낮은 5도로 내리면서 판매에 날개를 달았다. 도수가 낮은데도 사람들은 "지평막걸리는 기분 좋은 단맛에 바디감(술을 한 모금 들이켰을 때 입안에서 느끼는 무게감)도 묵직해."라고 말한다.

지평막걸리도 2014년까지는 알코올 도수가 6도였다. 김 대표는 2015년 전격적으로 도수를 1도 낮추었다. 시장과 소비자의 반응은 이후 매출의 급신장 자체가 잘 말해준다. 지평막걸리는 왜 도수를 1도 낮추었고, 또 사람들은 1도 낮은 지평막걸리를 왜 좋아하는 걸까?

김기환 대표에게 지평막걸리의 도수를 낮춘 이유를 물어봤다.

"지평막걸리 도수를 종전 6도에서 5도로 낮춘 것은 2015년부터입니다. 2010년 지평주조 대표로 취임한 이후 지평막걸리 공정을 표준화해가는 과정에서, 알코올 도수가 6도보다는 5도일 때 가장 지평스러운 맛을 낸다는 사실을 알게 됐어요. 당시 소주 등 다른 주류 업계도 저도주를 내놓으면서 주류 음용 트렌드가 '취하기 위해 마시는 술'에서 '즐기기 위해 마시는 술'로 바뀐 시대 흐름과도 잘 맞아 5도 제품 매출이 꾸준히 상승할 수 있었지요."

수긍이 가는 답변이지만, 의문은 여전히 남는다. 우선 '가장 지평스럽다'는 맛은 무엇인가?

"가장 '지평스럽다'는 것은 술의 맛과 향에 있어 지평막걸리가 갖고 있는 장점을 잘 살렸다는 의미입니다. 과거 손맛과 감에 의지하며 술을 빚었던 시절에는 온도나 환경에 민감한 막걸리의 특성상 일정한 맛을 유지하는 것이 어려웠지요. 균일한 맛을 내는 것이 최상의 품질로 이어지는 길이라고 판단해, 끊임없이 제품의 맛과 향을 테이스팅하면서 가장 지평막걸리다운 맛과 향이라고 판단한 지점이 알코올 도수 6도가 아닌 5도일 때였어요."

예외적인 경우를 제외하고, 모든 막걸리는 발효가 끝나면 물을 섞는다. 발효 직후 알코올 도수는 대개 14~15% 정도이므로 여기에 물을 섞어서 알코올 도수 6도 내외의 막걸리를 만들어 상품화하는 것이다. 값이 병당 1만 원 이상인 일부 프리미엄 막걸리는 물을 거의 넣지 않아, 알코올 도수가 12~14%에 이르기도 한다.

그렇다면 알코올 6도 막걸리와 5도 막걸리는 어떤 차이가 있는 걸까? 알코올 6도 막걸리에 물을 조금 더 타면 5도 막걸리가 되는 게 아닌가? 어차피 물이 많이 들어가면 알코올 도수는 떨어지게 돼 있다. 그럼, 5도 지평막걸리는 종전의 6도 지평막걸리에 물을 조금 더 넣어 만든 것일까? 김기환 대표는 "절대 아니다."라고 답했다.

막걸리는 쌀이 원료다. 쌀이 갖고 있는 전분질을 당분으로, 이 당분을 다시 알코올로 만드는 일련의 과정이 발효다. 김 대표의 말이다.

"지평막걸리는 알코올 발효과정을 제어함으로써 일부 당분이 알코올로 바뀌지 않고 남아 있도록 합니다. 발효를 조금 일찍 멈추어, 다시 말해, 완전 발효시키지 않아, 술의 당분이 남아 있게 해(이를 잔당이라고 한다), 5도 지평막걸리가 6도 막걸리보다 기분 좋은 단맛을 더 내도록 한 것이죠."

'신의 한 수'가 아닐 수 없다. 곡물에서 나오는 자연스런 단맛을 더 내기 위해 발효를 일찍 끝내 만든 술이 '지평막걸리 5도'라는 얘기다. 6도 막걸리와 같은 양의 물을 넣더라도 도수는 1도 낮고, 잔당이 있어서 사람들이 더 좋아한다는 설명이다.

이제 5도 지평막걸리에 대한 마지막 질문이 남는다.

"장수막걸리를 비롯한 6도 막걸리에 익숙한 소비자들의 거부감은 없었는가?"

김대표의 답변은 이랬다.

"술을 마실 때 알코올 도수를 의식하고 마시는 소비자들은 사실 많지 않아요. 대부분 술 자체의 맛과, 먹고 나서 느끼는 취기 등 경험과 취향에 따라 술을 선택하지, 알코올 도수로 술을 판단하지 않지요. 특히 지평막걸리는 도수를 1도 낮추었지만, '묵직한 바디감' 같은 지평막걸리 고유 특징을 그대로 유지했기 때문에, 소비자가 선택하는 데 큰 영향이 없을 것으로 봤습니다. 2015년 5도로 도수를 바꾸고 난 다음, 이를 알아차린 소비자들은 실제로 많지 않았고요. 리뉴얼 제품(5도 지평막걸리)이 출시된 직후, 알코올 도수가 5도로 바뀌었다는 것을 회사 차원에서 홍보하기 시작하면서 알게 된 경우가 더 많았지요."

지평막걸리가 12년 만에 매출이 200배나 급성장한 데는 알코올 도수를 1도 낮춘 전략이 주효했다고 본다. 지평막걸리 역시 아스파탐이라는 인공감미료를 일부 쓴다. 하지만 발효과정에서 곡물의 당분을 남겨, 자연의 단맛을 소비자들에게 선사했다.

전통과 새로움의 결합,
전통주의 도약을 위하여

지평주조 홈페이지를 보면 지평양조장에 대한 설명이 일부 있다. '양조만을 위해 지은 건물', '한국 전쟁 때 유엔군 사령부로 쓰이기도 했던 곳', '2014년 한국근대문화유산으로 지정된 곳' 등등. 일제 강점기 때 지어진 지평주조의 양조장 건물은 처음부터 막걸리 주조를 위해 설계됐다. 지붕 위 통풍 장치와 천장 사이에 마련된 왕겨층 공간이 온도와 습도를 자연적으로 조절, 최상의 막걸리 맛을 유지하도록 한다는 게 지평주조 측의 설명이다.

그러나 과거의 지평양조장은 지금은 흔적을 찾아볼 수 없다. 지평양조장이 문화재로 등록되면서 문화재 복원 공사가 수년째 계속되고 있기 때문이다. 당초 2020년에 공사가 끝날 예정이었으나, 이런저런 이유로 수차례 완공시기가 늦춰졌다. 공사 관리도 지평주조가 아닌 양평군청 문화유산 팀이 맡고 있다고 한다. 공사가 끝나도 양평군이 관리를 맡을 거라고 하는데, 언제 공사가 끝날지, 복원된 건물을 어떤 용도로 쓸 것인지에 대해서는 양평군도 아직 내부 논의가 진행 중이라고 하고, 지

지평 생막걸리의 원산지인 지평양조장.
지금은 양평군 지정 문화재 복원 공사가 한창이라 양조장 내부 모습을 볼 수는 없었다.

평주조 측은 알지 못한다고 한다.

　2018년에 지평양조장을 찾은 적이 있었다. 그때는 문화재 복원 공사가 시작 전이라 예전의 양조장 모습을 고스란히 유지하고 있었다. 당시 양조장 안에 막걸리 원료로 사용하는 물을 조달하는 우물이 있어, '100년 우물로 만드는 지평막걸리'란 제목의 기사를 쓰기도 했다. 이 우물 역시 공사 중에 여전히 온전한지 알 수가 없다. 1925년 지평양조장 건립과 동시에 시작된 100년 남짓한 우물의 역사가 군청의 문화재 복원 공사 때문에 멈춰버린 것은 아닌지 우려스럽다.

현재 지평주조는 경기도 양평군 지평면이 아닌 강원도 춘천에 메인 공장, 다품종생산시설을 두고 있다. 지평양조장 주조방식을 구현한 설비를 도입하고 자동화시스템을 구축했다. 전국에 유통되는 지평막걸리는 현재 이곳 춘천공장에서 전량 생산된다. 그러나 점점 판매량이 늘어나 춘천공장 생산량이 한계에 부딪혀 충남 천안에 공장을 새로 짓는다고 한다.

지평주조는 그간 호성장에 힘입어, 전통주 문화기업으로서의 역할도 톡톡히 해낼 차비를 하고 있다. 2022년 3월 본사를 서울로 옮기면서 신사옥으로 이전했는데, 본사 사옥 1층에 한식 다이닝 바 '푼주'를 열었다. 푼주는 입구가 넓고, 밑이 좁은 전통 식기를 뜻하는 말로, 일상 속에서 우리 술과 음식, 문화, 그리고 지평의 헤리티지를 이야기로 담아내고 있다. 리움미술관과도 협업해, 한국 공예작가들의 작품을 그릇, 식기, 잔 등 테이블웨어로 활용하고 있다.

김기환 대표는 이렇게 말을 맺었다.

"100년 가까운 시간 동안 이어온 맛과 역사를 유지하면서도, 동시대적인 감성에 맞게 꾸준히 발전시켜 새로운 전통주의 모습을 선보이는 것이 우리 술을 재도약시키는 방법이겠지요."

제품명, 제조장	**우렁이쌀 손막걸리 드라이(7.5도) 양촌양조**
색상, 질감	연한 갈색
	노란색
향	곡물향
맛	드라이
	시중 막걸리 중 가장 드라이한 편.
	곡물의 향과 맛이 자연스럽게 나오고,
	충청도답게 깔끔 담백. 평양냉면 같은 막걸리.

우렁이쌀 손막걸리 드라이 7.5도

논산 양촌양조 제품. 1920년대에 시작, 3대째 이어온 전통 양조법을 고수하는 100년 역사의 양조장에서 만들었다. 첨가물을 일체 넣지 않았으며, 단맛은 거의 없다. 인근 농가에서 재배한 무농약 햅쌀을 이용해 빚는다. 논에 우렁이를 풀어, 우렁이가 잡초를 다 먹어치우기 때문에, 제초제를 뿌리지 않고 키우는 유기농쌀로 만든다. 기존 생막걸리보다 저온 숙성 기간이 3배 정도 길다. 우렁이 찹쌀을 주원료로, 멥쌀을 약간 섞어 만든다. 쌀 본연의 당도를 이용하고 감미료를 넣지 않아 달지 않고, 깔끔한 맛이 특징이다.

"〇〇六年辛未六月初九日"
소화 6년 신미 6월 9일, 소화 6년은 1931년

양촌양조의 서까래 상량문은 양조장의 100년 남짓한 역사를 잘 말해준다.

충청남도 논산. 포효하는 호랑이 형상을 하고 있는 한반도의 단전부에 위치한 논산은 선사시대부터 우리 조상들이 정착해온 곳이다. 삼한시대에는 마한이 위치했고, 삼국시대에는 백제가 이 땅을 지배해, 계백 장군이 이끄는 5,000 결사대와 신라의 김유신이 이끄는 5만 군대가 황산벌을 중심으로 백제 최후의 결전을 벌인 곳이 바로 논산이다.

논산에는 '365일 햇빛이 잘 드는 동네' 양촌(햇빛촌)이 있다. 논산시 양촌면의 인구는 다 합해야 6,500여 명 정도. 그러나 이곳에는 국내 어디서도 찾기 어려운 '100년 역사'를 자랑하는 양조장이 있다.

'100년 양조장'
3대가 한 곳에서 대를 이어 '한 우물'로 술 빚어

양촌양조장, 1923년 2월 이종진 1대 대표의 가내 주조로 문을 열었고, 아들인 2대 이명제 대표를 거쳐 손자인 이동중 3대 대표가 양조장을 계승하고 있는 100년 전통의 술도가다. 우리나라에 100년 양조장이 없는 것은 아니지만, 할아버지, 아들, 손자가 대를 이어 3대째 같은 장소에서 양조장을 운영하고 있는 곳은 이곳 양촌양조장 말고는 찾기 어렵다. 2016년에는 '찾아가는 양조장'에도 선정됐다. 이동중 대표는 군 제대 직후인 1978년부터 술 빚기를 시작하여 40년 이상 한 장소에서 술을 만들고 있는 '술 빚기의 진정한 달인'이다.

양촌양조장 한복판에는 양조장과 100년 역사를 함께한 우물이 우뚝 버티고 있다.

"1920년대 할아버지께서 가내주조로 막걸리 사업을 하실 때부터 사용해온 우물입니다. 6개월마다 실시하는 46개 항목의 수질검사를 다 통과해, 막걸리의 재료로 지금도 사용하고 있습니다. 이 지역은 옛날부터 청정지역이어서 지금도 근처에 공장이 들어설 수 없습니다."

이동중 대표의 설명이다. 그러나 한때 이 우물에도 '위기'가 있었다. 1970년대 말부터 우물 수위가 낮아져 퍼올리는 물의 양이 줄어든 것이다. 그래서 우물을 더 깊게 팠더니 이번에는 모래 섞인 물이 나왔다. 근처 강바닥 토질이 자갈, 모래인 탓에 막걸리 재료로 쓸 수 없는 물이 나온 것이다. 고민한 끝에 우물 바닥에 항아리를 묻었더니 더 이상 모래가 섞이지 않은 물이 나왔다고 한다. 항아리가 모래를 걸러내는 필터 역할을 했다는 설명이다. 그래서 지금도 우물 덮개에는 '항아리가 묻힌 우물'이란 글자가 적혀 있다. 우물물은 처음에는 두레박을 썼고, 그 다음엔 손 펌프로 물을 끌어올렸고, 지금은 모터를 이용해 사용한다.

양촌양조장에 들어서면 가장 먼저 눈에 띄는 게 있다. 건물을 지탱하는 서까래에 적혀진 상량문이다. 상량문은 집을 새로 짓거나 고친 내력, 까닭과 공사한 날짜, 시간 등을 적은 글을 말하는 것으로, 이곳 양촌양조장 상량문에는 '쇼와 6년(1931년)'이라는 양조장 건립연도가 적혀 있다. 이동중 대표는 "할아버지께서 1923년에 가내 양조장 형태로 술 양조를 시작하셨다가, 그 이후인 1931년에 양조장을 지어, 지금까지 한 장소에서 술을 빚어오고 있다."고 했다. 그 사이에 해방을 맞고, 전쟁을 겪는 등 나라 전체는 큰 부침을 겪었지만, 양조장 주인은 바뀌지 않았다. '변함없는' 술맛처럼.

같은 시대에 지어진 양조장 대부분이 일본식 건물 양식이지만, 양촌양조장은 한옥과 일본식을 결합해 놓았다는 점이 독특하다. 1931년 목조건물로 건립된 양촌양조장은 지을 때부터 최상의 막걸리 양조를 위해 설계됐다. 천장과 벽 사이에 왕겨를 넣어 재래식 통풍구조를 갖추었

양촌양조 뒤뜰의 항아리들은 '야외 술박물관' 느낌을 준다.

다. 막걸리 발효 시 나오는 높은 열과 습도 등을 자연적으로 밖으로 빼내 내부 온도와 습도를 조절할 수 있게 하기 위해서다. 오랜 세월, 술을 빚어온 우리 선조들의 혜안이 느껴지는 공간이다.

현재 양조장 내부는 크게 반지하와 1층, 반2층의 복층 구조로 돼 있다. 반지하 공간은 막걸리의 발효·숙성실, 1층은 제성(막걸리 거르는 공정) 탱크와 우물이 있는 작업 공간, 반2층은 발효 체험 전시실로 쓰인다. 발효 체험실은 원래 고두밥을 냉각시키는 공간이었는데, 반지하 공간과 연결된 통로를 통해 냉각시킨 고두밥을 밑으로 내려보냈다고 한다. 현재 이 발효 체험실 바닥에는 투명유리를 덧댄 구멍을 만들어 반지하의 발효과정을 살펴볼 수 있도록 했다. 또 통풍구를 통해 발효향을 직접 맡을 수도 있다. 발효 체험실 벽 곳곳에는 효모란 무엇인가? 누룩이란 무엇인가? 술이 익으면서 왜 기포가 생길까? 술 향기는 어디서 오는 걸까? 양촌양조장이 걸어온 길 등의 안내문이 양촌양조의 내력과 막걸리에 대한 상식을 친절하게 알려준다.

양조장을 둘러보면, 100년 역사가 고스란히 진열돼 있는 느낌을 받는다. 우선 장독대에는 지금은 쓰지 않는 술항아리들이 퇴역한 장군처럼 한가롭게 햇빛을 쬐고 있다. 철사로 꿰맨 항아리도 있고, 1969년, 1974년 등의 연도가 표시된 오랜 항아리들이 즐비하다. 원래 집 뒤뜰에 모아두었던 항아리들을 사람들이 찾아와 신기하게 바라보자, 마당으로 가지런히 옮겨왔다. 그랬더니 찾아오는 손님들이 항아리 곁에서 기념사진을 찍고 가는 경우가 많아, 양조장이 한결 밝아졌다고 한다. 그밖에도 술 빚는 데 쓰던 누룩 틀, 막걸리 압착기 등을 이곳저곳 놓아둬 '미니 술박물관'을 방불케 한다.

직접 만든 흩임누룩 사용,
술에 사과·바닐라향 느껴져

양촌양조는 막걸리, 청주, 소주를 생산한다. 우선 막걸리는 종류가 많다. 양촌생막걸리, 양촌생동동주, 우렁이쌀 손막걸리, 우렁이쌀 드라이 등이다. 이중 양촌생막걸리와 양촌생동동주는 '동네 술'이다. 양조장이 있는 논산 일대에 주로 유통된다. 반면에 친환경 무농약 우렁이쌀로 만든 2종의 막걸리는 '전국 술'이다. 전국의 유명 전통주점에서 취급한다. 가격도 동네 술인 양촌생막걸리보다 2배 정도 비싸다.

양촌양조 이동중 대표는 40여 년간 한곳에서 술을 빚고 있는 '막걸리 달인'이다.

양촌생막걸리가 '동네 술'이라고 얕잡아 보면 안 된다. 양촌양조의 가장 대중적인 제품인 '양촌생막걸리'는 국내산 쌀, 밀, 누룩으로 만든다. 달지 않고 담백한 맛이다. 2019년 '찾아가는 양조장 투어'에 동행한 허영만 화백은 "이곳 막걸리 중 양촌생막걸리가 가장 내 입맛에 맞다."고 했다. 이동중 대표는 "자연의 단맛을 더 내기 위해 양촌생막걸리는 완전발효를 하지 않고, 당분을 일부 남긴다."고 했다. 물론 천연감미료인 효소처리 스테비아도 일부 들어간다. 우렁이쌀 드라이, 청주, 소주는 감미료를 쓰지 않는다.

다만, 양촌생막걸리는 외부에서 가져온 밀가루를 쌀과 같이 섞어서 술을 빚어, '지역 특산주' 대우를 받지 못한다. 지역 특산주가 아니면 온라인 판매를 할 수 없다. 따라서 100% 지역 쌀로 만드는 우렁이쌀 막걸리 2종도 지역 특산주 대우를 못 받아 온라인 판매를 하지 못한다. 이동중 대표는 "지역 외에서 생산하는 밀가루를 쓴다는 이유로 막걸리는 지역 특산주 면허를 받지 못했다."며 "우렁이쌀 청주와 소주 '여유'는 지역 특산주 허가를 받았기 때문에, 인터넷에서도 판매하고 있다."고 말했다. 국세청 유권해석에 따르면, 한 장소에서 생산하는 막걸리들을 일반 술과 지역특산주로 구분해, 2개의 면허를 줄 수 없다고 한다. 우렁이쌀 막걸리를 지역 특산주로 인정받으려면, 양조장을 다른 지역으로 옮겨 생산해야 한다는 것이다.

양촌양조가 2015년에 새로 내놓은 '우렁이쌀 손막걸리'는 우렁이농법으로 100% 무농약 재배한 논산 햅쌀로 빚은 막걸다. 발효 기간(20일)이 기존 제품(8일)보다 3배 이상 길다. 알코올 도수도 7.5도로 다소 높다. '우렁이쌀 손막걸리 드라이'(블랙라벨)는 감미료를 전혀 넣지 않은 제품으로 역시 달지 않다. 첨가물을 넣지 않는 대신, 술 원료를 멥쌀이 아닌 찹쌀로 빚었다.

그렇다면, 무농약 쌀(우렁이쌀)과 일반 쌀로 빚은 막걸리의 맛은 어떤 차이가 있을까? 결론부터 얘기하자면 술맛의 차이는 없다는 것이 이동중 대표의 설명이다. 이 대표는 "막걸리 맛은 원료인 쌀이 무농약 쌀인가, 일반 쌀인가의 차이보다는 막걸리 양조과정에서 발효온도, 발효기간, 발효제 등에 더 영향을 받는다."고 말했다. 다만, 친환경 쌀(무농약 쌀)

을 선호하는 소비자들이 많기 때문에 우렁이쌀 막걸리를 새로 내놓았다고 한다. 우렁이쌀은 일반 쌀보다 20~30% 더 비싸다. 술 가격에는 이런 제품원가가 고스란히, 다소 과장되게 반영돼 있지만, 요즘 소비자들은 비싼 친환경 제품을 사는 데 주저하지 않는다.

우렁이쌀 청주는 발효 기간만 30일. 밑술은 멥쌀, 2번의 덧술은 찹쌀을 사용한다. 전통누룩을 전혀 사용하지 않아, 주세법상 약주가 아닌 청주로 분류된다. 가격은 16,000원. 국내 최대 전통주점인 서울 백곰막걸리에서도 인기리에 팔린다. 이동중 대표는 "우렁이쌀 청주에 전통누룩을 쓰지 않는 이유는, 안정적인 술맛을 유지하기 위해서"라고 했다. 사용하는 입국 누룩은 잡균이 없어, 술맛이 늘 일정하다는 설명이다.

누룩 얘기가 나온 김에 어디 걸 쓰느냐고 물었다.

양촌양조 모든 술에 쓰이는 발효제 흩임누룩. 직접 만든다.

"흩임누룩(곡물의 낱알이 떨어져 있는 누룩)을 자체적으로 만들어 사용합니다. 누룩실이 따로 있고, 양촌양조의 모든 술은 직접 만든 입국으로 발효시킵니다. 우렁이쌀 청주에는 백국균이 주로 들어가지만, 일부는 황국균 누룩을 씁니다. 그러면 술이 부드럽고 향이 더 독특합니다. 청주 빚을 때 1차 덧술에는 백국균 누룩, 2차 덧술에는 황국균 누룩이 들어갑니다. 이 때문에 효모 발효과정에서 나는 사과, 바닐라향이 있습니다. 발효주는 독특한 향이 있어야 하죠."

양촌양조가 최근에 내놓은 술은 소주 '여유'다. 19도, 25도, 40도 3종류가 있다. 18도 정도의 술덧을 증류한다. 1000L를 증류하면 370L의 45도 소주가 생산된다. 증류는 한 번만 한다. 여유 소주는 바닐라, 사과향이 난다. 곡물을 발효시키는 과정에서 나는 기분 좋은 향이다. 한국식품연구원과 기술제휴해서 만든 술로, 2022년 대한민국주류대상에서 대상(소주 부문)을 받았다. 이동중 대표는 "소주 중에서는 25도 여유 소주가 가장 많이 팔린다."고 말했다.

살아 있는 역사
양촌양조장

양촌양조장 이동중 대표는 9남매 중의 넷째다. 아버지 이명재 2대 사장도 장남이 아니지만, 가업으로 양조장을 물려받았다. 양촌양조장을 창업한 그의 할아버지 이종진 1대 사장 역시 집안의 종손이 아니지만, 집

안의 종손 노릇을 하면서 선대부터 살았던 마을과 집안을 지켰다. 그렇다면 양촌양조의 4대 사장은?

"조카들 중 전통주에 관심 있는 애들이 있어, 양촌양조장을 이어나갈 것으로 봅니다. 지금도 수출업무나 병 디자인 개발 등은 조카들이 돕고 있습니다."

역사가 오랜 양촌양조장은 다른 양조장과 다른 게 또 하나 있다. 보물급 유산들이 많다는 점이다. 이동중 대표는 선대 조상이 영조 임금으로부터 직접 받은 족자인 '군신제회도' 등 집안에서 오랫동안 보관해 온 2,500여 점의 '집안 유물'을 충남역사박물관에 기탁했다. 이 족자는 1726년(영조 2년) 12월 영조가 희정당에서 친정하는 자리에서 신하들에게 술을 하사하고, 시를 짓게 했다는 내용을 담고 있다. 충남도지사는 지난 3월, 이동중 대표에게 '한국유교문화진흥원 명예회원' 패를 보냈다. 보물급 유물들을 지방정부에 기탁한 공로를 인정해, 도지사가 감사패를 보낸 것이다. '100년 양조장'과 직접 관련된 일은 아닐지라도, 한 곳에서 수백 년을 살아온 명망가 집안이 아니고서는 할 수 없는 일인 듯싶다. 지금까지의 100년 역사만큼이나 앞으로의 100년에도 기대가 크다.

"음식을 연구하다 보니 자연스럽게 술에 관심을 갖게 됐죠.
음식하는 사람들은 중국, 일본, 홍콩 등지를 벤치마킹하러 많이 다닙니다.
그 나라 술도 알아야 되니, 현지 술도 많이 마시게 되죠. 외국 술이 부러웠어요.
일본에는 사케뿐 아니라 소주 종류가 엄청납니다.
'일본 사람들은 이렇게 다양한 소주를 마시는데,
왜 우리는 희석식소주 한 종류만 늘 마시지?' 궁금하기도 했죠.
그런데 알고 보니까, 조선시대까지만 해도 우리나라에는 가양주 문화가 번성해서
막걸리 같은 발효주뿐 아니라, 지역 특유의 소주 종류도 엄청났다는 거예요.
그런데 일제에 의해 가양주문화가 단절되면서 우리 술의 다양성이 사라진 거죠.
이제는 우리 술을 찾아서 마시고 배우고 널리 알리는 단계까지 왔습니다."

백술도가 백종원 대표 인터뷰에서

part 2

술보다
더 맛깔나는
양조인 이야기

제품명, 제조장	**서울의 밤(40도)** 더한주류
색상, 질감	맑고 투명
향	풀향 매실향 체리향, 꿀향
맛	25도 제품에 비해 향과 맛이 풍부하다. 단맛과 쓴맛이 강하다. 칵테일로 즐기기 좋은 술.

서울의 밤 40도

매실원주, 서울의 밤(25도) 등을 생산하는 더한주류 양조장이 전남 광양에 제2양조
장을 차린 후 최근에 내놓은 신제품이 서울의 밤 40도다. 서울의 밤 25도보다 매실
함유량을 두 배로 늘렸고, 매실향 보존을 위해 증류도 한 번만 했다. 광양 인근 고흥
의 유자(껍질), 경남 하동의 녹차를 넣어 '호남과 영남의 화합주'를 지향한다. 더한주
류 제품의 특징은 덜 익은 청매 대신, 농익은 황매를 사용한다는 점이다. 때문에 신
맛은 줄이고, 단맛은 극대화했다. 단맛이 강해, 식전주에 어울리는 매실원주(13도)
를 진 스타일로 증류한 술이 서울의 밤이다.

더한주류 한정희 대표 뒤가 매실밭이다. 광양은 전국 최대 매실 산지다.

'전라도와 경상도를 가로지르는/섬진강 줄기 따라 화개장터엔/아랫마을 하동사람 윗마을 구례사람/닷새마다 어우러져 장을 펼치네/구경 한번 와보세요/보기엔 그냥 시골장터지만/있어야 할 건 있구요/없을 건 없답니다 화개장터/…'

지리산에서 흘러내리는 화개천과 섬진강이 만나는 곳, 화개장터는 옛날부터 호남 (구례)과 영남(하동) 사람들이 함께 어울려 여는 시골장이었다. 이런 이유로 호남과 영남, 영남과 호남의 '화합의 광장'이란 별칭이 늘 따라다녔다.

'영호남 통합' 화개장터 근처에 또 하나의 영호남 화합을 상징하는 곳이 최근 생겼다. 이번에는 술을 만드는 양조장이다. 매실로 만든 증류주 '서울의 밤(알코올 도수 25도)'으로 유명한 양조장 더한주류가 전남 광양에 양조장을 차리고, 호남과 영남의 특산물을 한데 버무린 신제품 '서울의 밤(40도)'을 내놓는다. 국내 최대 매실 산지인 전남 광양에 제2양조장을 차린 지 일 년 반 만이다.

매실을 이용해
증류주를 만들다

|

국내 유일의 매실주 전문회사인 더한주류는 서울의 밤 외에 매실원주(13도), 원매(15도, 20도) 등 매실을 원료로 한 과실주와 증류주를 생산하는 업체로, 올해(2022년) 100억 매출을 목표로 하고 있는 중견 양조장이다. 2010년, 오스트리아로 바이올린 유학을 다녀온 한정희 대표가 설립했

다. '더한주류'라는 이름은 한 대표의 성 '한'에서 따왔다.

2018년에 출시된 서울의 밤(25도)은 더한주류를 먹여 살리는 효자 상품이다. 잘 익은 황매를 수확하여 급냉해 100일 정도 담금술에 침출시킨 뒤 두 번의 증류를 거쳐 만든 매실 베이스 증류주로, 2차 증류 때 노간주나무열매(주니퍼베리)를 일부 넣어, '진(Gin)'으로 만든 술이다. 주세법상 리큐르에 속하는 서울의 밤(25도)은 그래서 매실 증류주, 혹은 매실 진으로도 불린다. 그런데 쌀 베이스 증류주의 절반 가격인 데다, 알코올 도수가 25도로 '높은 듯 낮은 듯' 해서 젊은 층 소비자들의 반응이 폭발적이다. 16~17도 안팎의 희석식소주와 40도 정도의 증류주 틈새를 잘 공략한 데다, 흔한 쌀이 아닌 매실을 원료로 한 증류주라는 점에서 '가격, 알코올 도수, 원료'의 3대 차별화를 동시에 이룬 제품으로 호평받고 있다.

그런데 2022년 새로 내놓는 서울의 밤(40도)은 25도 제품과 크게 다르다. 우선 매실 함량이 두 배 많다. 때문에 서울의 밤(40도)은 25도 제품보다 매실향이 강하다. 또 2번 증류하는 25도 제품과 달리, 서울의 밤(40도)은 1차 증류만 한다. 증류를 거듭할수록 알코올 도수는 올라가지만, 증류원액이 갖고 있는 고유의 향들이 날아가는 것을 방지하기 위해서다.

또 다른 차이점은 부재료다. 25도 제품에 넣는 부재료는 노간주열매과일, 벌꿀 정도다. 서울의 밤(40도)은 이외에 전남 광양의 매화꽃, 고흥의 유자껍질, 경남의 하동 녹차를 추가로 넣었다. 꿀도 광양 양조장에서 가까운 지리산 꿀을 넣었다.

불확실성의 시대,
과감한 투자로 만든 광양 양조장

전남 광양시는 지리적으로 경남 하동과 맞닿아 있다. 더한주류의 전남 광양 양조장에서 경남 하동은 차로 10분 거리다. 광양 양조장 직원 숙소도 광양이 아닌 하동에 있고, 직원들이 양조장에서 일하다가도 점심때가 되면 곧잘 화개장터에 가서 식사를 한다고 하니, 호남과 영남의 구분이 이곳에선 부질없다는 생각이 든다. 이런 지리적 특성을 살리기 위해, 서울의 밤(40도)은 호남(원재료인 광양 매실, 부재료인 매화꽃, 고흥 유자껍질)과 영남(하동 녹차)의 특산물을 같이 넣어 완성했다. 해서, 서울의 밤(40도)은 '호남과 영남의 화합주'라고 해도 지나친 표현이 아닐 것이다. 전국의 양조장을 많이 다녔지만, 호남과 영남의 재료를 한데 넣어 만든 술은 보지 못했다. 서울에서 양조장을 10년 이상 운영한 한 대표는 승용차로는 갈 엄두를 내기 힘들 정도로 먼 광양에 굳이 왜 양조장을 차렸을까?

더한주류 한정희 대표를 인터뷰한 것은 3년 전인 2019년 9월이었다. 당시 기사 제목이 '바이올리니스트가 만든 황매 매실주 맛은 어떨까?'였다. 인터뷰에서 한 대표는 "서울 송파구 방이동에 있는 집안 매실 과수원에서 수확하는 매실이 연간 10톤 정도인데, 술 원료로는 조만간 모자랄 것 같아 국내 최대 매실 산지인 전남 광양에 제2양조장을 지을 것을 검토하고 있다."고 말했다.

인터뷰 내용 그대로, 한 대표는 서울의 밤(25도) 급성장에 힘입어 광양에 60억 원을 투자해 제2양조장을 차렸다. 2021년 1월부터 가동에 들

더한주류 광양 양조장 내부 모습. 위 사진은 매실주 침출, 숙성탱크이고, 아래는 병입 생산라인이다.

어간 광양 양조장에서는 서울의 밤, 매실원주(13도)를 생산하고 있다. 둘다 서울 양조장에서 생산했던 제품이지만, 이제는 이 둘 주력 제품을 광양 양조장에서 전량 생산한다.

반면, 서울 양조장은 숙성을 3년 이상 하는 프리미엄 매실주인 원매 15도, 20도 제품 생산 외에 신제품 개발을 맡고 있다. 회사 매출의 75% 정도를 서울의 밤(25도)이 차지하고 있는 점을 감안하면, 광양 양조장 비중이 매출의 90%에 달한다고 볼 수 있다. 2~3년 전만 해도, 대표의 머릿속에서나 존재했던 광양 양조장이 가동에 들어가자마자, 회사전체 매출을 책임지고 있는 셈이다.

더구나 최근 3년 동안 무슨 일이 벌어졌는지를 보면 사실, 이런 변화는 깜짝 놀랄 일이다. 결과적으로는 큰 피해를 주지는 않았지만, 코로나는 전통주 시장에 적잖은 영향을 끼쳤다. 코로나의 영향으로 전통주점 등 업소 매출이 절반으로 줄어, 문을 닫는 양조장까지 등장하지 않았던가? 그러다가 혼술, 홈술 음주문화가 서서히 정착하면서 인터넷 술 판매가 폭발적으로 늘어, 양조장 매출은 다시 상승곡선을 타기 시작했다. 그러나 한 치 앞도 못 볼 정도로 시장 전망 자체는 불투명해, 양조장대표들은 코로나 상황을 지켜볼 도리밖에 없었다.

바로 이때였다. 다들 숨죽여 시장 상황을 예의주시만 하고 있을 때, 더한주류 한정희 대표는 당시 회사 연간 매출보다 큰 규모인 60억 원을 투자해, 광양 양조장을 지었다. 빠른 판단도 좋았지만, 과감한 투자 결정이 무엇보다 돋보인 광양 양조장 프로젝트였다. 주력상품인 서울의 밤(25도)이 잘 나가고는 있었지만, 코로나가 언제 또 해코지를 할지 누구도 알 수 없는 상황이었기 때문이다. 코로나 와중에 '배(연간 매출)보다 더 큰 배꼽(광양 양조장 설비투자액)' 투자를 한 양조장 얘기는 더한주류 말고는 듣지 못했다.

매실특구 광양에서
매실 증류주를

서울역에서 탄 KTX 열차가 두어 시간 걸려, 도착한 곳은 구례구역. 이곳에서 차로 40분을 더 가야 광양 양조장이다. 하동에서 섬진강을 건너 광양으로 접어드니, 도로 양쪽으로 매실 밭이 지천이었다. '매실특구'란 말이 절로 나올 만큼, 도로 옆 식당 이름들에도 매실이란 글자가 빠지지 않았다.

그런데 왜 광양이 매실로 유명할까? 품질 좋은 매실이 유독 광양 지역에 많이 생산되는 이유는 뭘까? 사실 매실의 원산지는 한국이 아닌 중국이다. 광양에 매실 밭이 많은 것은 중국, 특히 일본에서 매실나무 묘목을 많이 들여왔기 때문이라고 알려져 있다. 한정희 대표의 설명이다.

"광양 지역에 좋은 매실이 나는 것은 섬진강 영향이 크다고 알고 있어요. 좋은 과실이 나오려면, 낮에는 기온이 올라가고, 밤에는 반대로 서늘해야 하죠. 한마디로 일교차가 큰 지역일수록 과일이 잘 되는데, 섬진강을 끼고 있는 광양은 특히, 일교차가 커서 좋은 매실이 나옵니다."

이 얘기를 들으니, 20여 년 전 다녀온 독일 와인투어가 생각났다.

리슬링 포도 품종으로 만든 화이트와인으로 유명한 독일 역시 라인강, 모젤강을 끼고 포도밭이 경사진 곳에 많은데, 이곳 광양의 매실과수원 역시 섬진강변에, 약간 경사진 곳에 자리한 경우가 많았다. 경사진 곳은 평지보다 햇볕을 받기가 수월하고, 또 낮에는 강에 반사된 햇볕까지 받을 수 있어 과일이 체감하는 낮 기온은 다른 곳보다 높게 마련이다.

더한주류 광양 양조장은 서울 양조장보다 규모가 서너 배는 컸다. 우선 증류기 사이즈가 네 배였다. 서울 양조장 증류기는 500L, 광양은 2,000L였다. 담금술에 매실을 일 년 정도 침출시키는 침출탱크 6개가 양조장 중앙을 차지하고 있고, 그 오른쪽은 저장탱크(침출 공정이 끝난 매실주를 상온 저장하는 탱크), 왼쪽은 저온숙성탱크와 증류설비가 자리하고 있었다. 침출탱크 한 개에 들어가는 매실 양이 무려 8.5톤 분량이란다. 신설 양조장 아니랄까 봐, 어른 키의 몇 배나 되는 신형 탱크 수십 개가 조명을 받아 반짝반짝 빛나고 있었다. 현재 광양 양조장은 연간 150톤의 매실을 수매해서 술을 빚는다.

우선 이곳 양조장에서 만드는 술, 매실원주와 서울의 밤(25도) 제조 공정에 대한 설명을 들었다. 매실원주와 서울의 밤은 7월 초 다 익은 황매실을 따서, 바로 급냉시켜 알코올 도수 43도의 담금술에 100일 정도 담가둔다. 이 과정이 침출인데, 담금술의 알코올과 매실의 향, 풍미가 잘 섞이도록 100일을 담가두는 것이다. 가정에서도 담금술에 각종 과일이나 약재를 넣어 오랫동안 보관해두었다가 마시는 경우가 요즘도 많은데, 이 과정이 침출이다.

때문에 매실원주는 매실 발효주가 아니다. 포도를 발효시켜 만드는

매실원주(13도)	서울의 밤(25도)	서울의 밤(40도)
침출 100일	침출 100일	침출 50일 (매실 양은 두 배로 늘리고, 침출 기간은 절반, 이렇게 하면 매실향이 더 많이 난다.)
⬇	⬇	
1차 저장탱크에서 1년 숙성 (맛이 깊어진다, 숙성된 맛이 난다.)	1차 저장탱크에서 1년 숙성	
⬇	⬇	⬇
저온 숙성 탱크에서 한 달 (고형물 침전과 여과를 위해)	증류(1차, 2차 증류, 최종 알코올 도수는 50도)	1차 저장 탱크에서 1년 숙성
⬇	⬇	⬇
여과	2차 저장탱크 숙성 (6개월, 기간은 딱히 정해진 바 없다.)	증류 (1차 증류)
⬇	⬇	⬇
검증조 (완성된 술을 잠시 보관)	저온 숙성(14일)	2차 저장탱크 숙성
⬇	⬇	⬇
병입	여과	저온 숙성
	⬇	⬇
	검증조 (완성된 술을 잠시 보관)	여과
	⬇	⬇
	병입	검증조 (완성된 술을 잠시 보관)
		⬇
		병입

와인과 달리, 매실은 당도가 낮아 발효가 쉽지 않다. 그래서 발효 대신 침출을 통해 매실향이 술에 배이도록 한다. 침출이 끝난 술은 건더기인 매실을 분리한 후 술만 저장탱크로 옮겨 일 년 정도 상온저장(숙성) 공정을 거친다. 매실원주는 저온숙성탱크에서 한 달 정도 더 숙성한 후에 여과해서 병입하면 술이 완성된다.

증류주인 서울의 밤(25도)은 침출, 상온저장까지는 매실원주와 공정이 같고, 이후에 두 번의 증류를 거친다. 2차 증류 때 노간주나무열매를 넣는다. 증류 후에는 다시 6개월 정도 상온 저장을 거친 뒤, 저온 숙성, 여과, 병입 공정으로 마무리된다. 2차 증류까지 끝나면 알코올 도수가 약 50도까지 오르는데, 나중에 물을 타서 25도로 맞춘다.

신제품 서울의 밤(40도)은 25도 제품과 침출 기간부터 차이가 있다. 매실 함량을 두 배로 늘리고, 대신 침출을 25도 제품(침출 100일)의 절반인 50일만 한다. 한정희 대표는 "침출을 50일 정도 하니까, 매실향이 알코올(담금술)에 가장 잘 스며드는 것 같다고 판단해, 침출 기간을 절반으로 줄였다."고 했다. 매실향을 보존하기 위해 증류도 한 번만 한다.

더한주류 매실 제품을 얘기할 때 빼놓을 수 없는 재료가 황매실이다. 덜 익은 청매실이 아닌 농익어 당도가 높은 대신, 신맛은 다소 가라앉은 황매실로 만든 술이 매실원주, 서울의 밤, 원매다. 더한주류의 모든 매실 술은 황매만 사용한다. 반면에 기존에 시장에 나왔던 대부분의 매실주는 청매를 사용한 제품들이다. 황매와 청매는 어떻게 다를까?

"청매는 대개 6월 초쯤 수확하고, 황매는 보름 뒤인 6월 중순부터

더한주류 매실주는 잘 익은 황매로만 만든다. 황매는 청매에 비해 신맛은 줄고 단맛은 더 강하다.

수확합니다. 품종별로 수확 시기는 다소 차이가 있지만, 황매가 청매보다 더 늦게 따는 건 틀림이 없어요. 가격은 황매가 청매보다 두세 배 비싸지요. 청매와 황매는 쓰임새가 다릅니다. 장아찌처럼 아삭아삭한 식감을 살리려면 청매가 맞겠지요. 하지만 잼을 만든다면 물렁물렁한 황매가 더 낫습니다. 그럼 술은? 술은 잘 익은 과육이 침출도 더 잘 됩니다. 당도 역시 황매가 훨씬 높고, 신맛은 덜하지요. 매실은 신맛이 강해 그냥 먹기가 힘든데, 황매는 잘 익은 자두 맛이 나서 그냥 먹을 만해요.

하지만 황매는 관리가 무척 까다로워요. 수확 후에 하루만 그냥 두어도 하중(황매를 대량 보관하는 경우)을 견디지 못하고 터져버리기 십상입니다. 그래서 매실나무에서 따서, 세척 후 곧바로 급냉을 시킵니다. 얼리면 열매가 단단해지기 때문이에요. 얼린 황매를 그대로 담금술에 담가 100일 동안 침출시킵니다."

이 설명을 듣고 보니 독일의 아이스와인^Ice Wine이 생각났다. 눈이 내릴 때까지 포도를 따지 않고 내버려두었다가 포도 알갱이가 얼고 나서야 수확해, 와인색이 황금빛에 가깝고 맛 역시 꿀에 가까울 정도로 당도가 높은 아이스와인. 언 포도로 만든 아이스와인처럼, 얼린 황매실로 만든 매실원주는 신맛보다는 단맛이 더 도드라져 식후주(디저트로 마시는 술), 혹은 식전주에 어울린다.

그러나 단맛이 강한 술은 치명적인 단점이 있다. 사람들이 한 번에 많이 먹기가 힘들다는 사실이다. 또 음식을 주연으로, 술을 조연으로 마실 때, 다시 말해 반주로 마시는 술은 달지 않아야 한다. 그래서 그 다음으로 개발한 술이 달지 않은 매실 증류주 '서울의 밤'이다. 서울의 밤 개발 당시를 한정희 대표는 이렇게 회상했다.

"식전주, 식후주인 매실원주 갖고는 매출 올리기를 장기적으로 기대하긴 어렵다고 봤어요. 그래서 사람들이 즐겨 마시는 소주를 만들어보자는 생각에 매실증류주를 만들었지요. '서울의 밤'은 매실증류 원액에 진^Gin의 향을 내는 노간주나무열매를 첨가했습니다. 대개 진은 곡물을 증류시켜 만드는데, 우리는 곡물 대신 황매실주를 1차 증류시킨 뒤 노간주열매를 넣어 2차 증류했지요. 그런데 시장 초기 반응이 예상보다 훨씬 좋았어요. '우리 회사의 효자가 될 수 있겠구나' 생각이 들 정도였지요. 평소 매실주를 마시지 않던 사람들도 서울의 밤을 마셔본 후에 매실주를 찾는 후광 효과도 있었고요. 그래서 매실원주도 덩달아 매출이 늘었습니다. 현재 서울의 밤(25도) 하나가 회사 전체 매출의 75%를 차지하고 있어요."

그렇다고 서울의 밤(25도) 하나에 회사의 운명을 맡길 수는 없는 법. 그래서 인근 지역의 농산물만 사용해야 한다는 '지역 특산주 면허'의 한계를 장점(영호남 재료 사용)으로 승화시킨 제품이 서울의 밤 40도이다. 노간주열매, 꿀 외에 말린 매실꽃, 유자껍질(고흥), 녹차가루(하동)를 40도 제품에 넣은 것이다. 전남 고흥과 경남 하동은 광양 양조장 인근 지역이라 부재료 사용에 제한이 없다.

한정희 대표는 서울 선화예중 3학년 때 오스트리아 빈으로 유학, 10년 동안 해외에서 바이올린을 공부했다. 바이올린 전공으로 학부와 대학원을 수석으로 졸업했지만, 체력적 한계(허리 디스크)로 말미암아 연주자의 길을 접고 사업가로 변신했다. 그는 가끔씩 집에서 바이올린을 연습 삼아 연주한다. 그는 좋은 술을 만드는 것은, 좋은 곡을 연주하는 오케스트라와 유사하다며 이렇게 마무리했다.

"오케스트라에는 연주를 위한 악보가 있어요. 오케스트라의 악보와 같은 것이 양조장에서는 어떤 술을 어떻게 만들겠다는 기획서, 레시피가 아니겠나 싶어요. 오케스트라에 따라 같은 곡도 다르게 연주하듯, 어떤 원료를 쓰느냐에 따라 매실주 품질도 천양지차로 달라질 수 있어요. 결국, 오케스트라는 혼자가 아닌 단원 전체가 연주하는 것과 마찬가지로, 좋은 술 역시 재료, 사람(양조인), 양조 설비가 다 잘 어우러져야 소비자를 감동시키는 제품이 만들어질 수 있습니다."

더한주류 한정희 대표(가운데)가 증류설비 앞에서 직원들과 얘기를 나누고 있다.

제품명, 제조장	**안동진맥소주(40도)** 밀과노닐다
색상, 질감	맑고 투명
향	통밀의 구수한 향 은은한 불향 여운을 길게 하는 향
맛	목넘김이 부드럽다. 알코올 맛이 강하지 않다. 개성이 강하고 오일리함이 있다.

안동진맥소주 40도

농업회사법인 밀과노닐다에서 만든 밀소주. 진맥은 밀의 옛이름이다. 쌀소주로 유명한 안동에서 만들지만 재료는 쌀이 아닌 밀이다. 3만 평 밀농사를 짓던 양조장 대표가 밀의 부가가치를 높이기 위해 증류주로 만들었다. 증류주를 만드는 양조장은 국내에 많지만, 자신이 직접 재배한 원료로 술을 만드는 곳은 이곳 말고는 찾기 어렵다. 원료인 밀을 사용한다는 점에서는 위스키와 같고, 누룩을 넣은 막걸리를 만들어 증류한다는 점에서는 소주와 닮았다. 통밀을 발효해 밀 특유의 고소함이 일품이다. 진맥소주를 일 년 이상 오크통에 숙성시킨 제품이 '시인의 바위'다. 퇴계 이황이 시를 지었다는 '경암'이라는 바위가 밀밭 근처에 있다.

안동진맥소주를 만드는 농업회사법인 밀과노닐다 김선영(대표), 박성호(이사) 부부.

_맹개술도가 박성호 이사

안동에 있는 농암 이현보 선생의 종가인 농암종택을 지나면 곧바로 낙동강이 차 앞을 가로막는다. 상류라 강폭이 그리 넓지는 않지만 다리가 없어 차로는 갈 수가 없다. '육지 속 섬'인 맹개마을로 가려면 바퀴 큰 트랙터에 옮겨 타야 한다. 전기가 들어온 지 아직 10년이 되지 않은 청정 오지 산골마을, 통밀로 만든 증류주 '안동진맥소주'가 익어가고 있는 마을이다. 맹개마을은 '해가 잘 드는 외딴 강마을'이란 의미다.

세계인들이 인정한
프리미엄 소주

농업회사법인 밀과노닐다(양조장 이름은 맹개술도가)의 김선영 대표, 박성호 이사 부부는 안동 맹개마을에서 3만 평의 밀농사를 지어, 프리미엄 소주 '안동진맥소주'를 생산한다. 이들은 지난 4월, 두 곳의 세계적인 주류품평회로부터 '굿 뉴스'를 동시에 통보받았다.

첫 번째 소식은, 미국 샌프란시스코 국제주류품평회 SFWSC^{San Francisco World Spirits Competition}에서 진맥소주 53도와 오크 숙성 진맥소주가 가장 우수한 출품작에 수여하는 '더블골드^{Double Gold}' 메달을 받았다는 내용이었다.

국제적인 권위의 주류품평회인 SFWSC는 전문적이고 엄격한 심사 기준으로 유명하다. 골드 메달은 주류 전문가 40여 명의 블라인드 테이스팅을 거쳐 특별한 술로 평가될 때 주어지며, 더블골드 메달은 평가위원 전원이 골드 점수를 부여했을 때에만 수상이 가능하다. 진맥소주는 2021년에 이어 2022년에도 더블골드(진맥소주 53도), 골드(진맥소주 40도) 메달을 수상함으로써, 2년 연속 큰 상을 수상하는 쾌거를 거뒀다.

이와 별도로, 세계적인 주류 대회인 런던주류품평회 LSC^{London Spirits Competition}에서도 진맥소주 53도는 금상, 진맥소주 40도는 은상을 수상하는 영예를 안았다. LSC는 상업적 관점에서 엄격한 기준으로 심사를 진행하는 주류 대회로, 품질 점수(Q) + 가치 점수(V) + 패키지 점수(P)를 합산 평가하여 수상작을 엄선한다.

진맥소주는 2019년 안동의 맹개술도가에서 첫선을 보인 이래 괄목할 만한 성장세로 한국을 대표하는 전통 소주로 자리매김하고 있다. 최상의 원료를 위해 유기농법으로 직접 밀농사를 지어 3단 담금 발효 후 상압 증류 방식으로 빚는 진맥소주는, 밀꽃의 깊은 향기를 풍부하게 머금도록 저온 장기숙성을 거치는 프리미엄 소주이다. 박성호 이사는 "역사적으로 화려했던 안동소주의 품격을 높이고, 나아가 국제 무대에서 위스키, 진, 고량주 등과 어깨를 나란히 할 수 있는 한국의 대표 증류주로 성장하기 위해 노력하고 있다."고 말했다.

IT기업 대표에서 3만 평 밀농사 농부,
그리고 양조자로 변신

안동진맥소주를 빚는 맹개마을은 경북 안동시 도산면 가송길 162-129가 정확한 주소다. 서울 강남에서 쉬지 않고 자동차로 3시간은 달려야 도착할 수 있는 오지다. 서울에서 맹개마을을 가려면 내비게이션에 '농암종택'을 검색하는 게 무난하다. 맹개마을 도착 직전에 농암종택이 있기 때문이다. 1504년 사간원에 근무하다가 연산군의 노여움을 사 안동으로 유배된 농암 이현보 선생 종가댁이다. 10여 년 전 안동댐 건설로 수몰 지역에 있던 농암 이현보 선생의 유적들이 흩어져 있다가 한데 모인 것이다. 2년 전 농암종택 종부가 문중의 가양주인 '일엽편주' 약주를 시장에 내놓아 화제가 되기도 했다. 지금도 전통주 전문점에서는 '없어서 못파는 술'이 일엽편주다. 이곳에서 멀지 않은 곳에 맹개마을이 자리하고 있다.

　태백에서 발원한 낙동강 물이 맹개마을 옆, 청량산을 지나서 남쪽으로 흘러간다. 그 과정에서 제일 북쪽에 위치해 있는 곳이 맹개마을이다. 봉화군에도 접해 있어, 안동의 제일 북쪽에 위치해 있다. 옛부터 산세가 험하고 낙동강 상류라서 물살이 세서, 굽이치는 지형이 많이 만들어졌다. 오랜 시간이 흐르면서 한반도 지형 같기도 하고, 동그란 섬 같기도 한 맹개마을도 형성됐다. 맹개마을이 청량산과 도산서원 사이에 있어서 퇴계 이황 선생이 청량산을 가기 위해 자주 이곳을 지나갔다는 기록도 있다. 퇴계 선생은 맹개마을을 내려다보면서 '내가 그림 속으로 들어간다'는 시를 남겼다. 퇴계 선생의 발자취가 남아있는 곳이 맹개마을이다.

1 700m 높이에 있는 학소대에서 내려다본 맹개마을 모습. 2 '미스터 션샤인'에서 주막으로 등장한 세트장.

맹개마을은 마을 전체가 밀밭이다. 3만 평 밀밭과, 이 너른 밀밭을 가꾸는, 몇 안되는 농사꾼들이 사는 주택이 전부다. 아니다. 소소한 집들은 많다. 소목화당(작은 나무, 그리고 꽃이 피는 집)은 맹개술도가 박성호 이사 부부가 거주하는 집이면서 펜션으로도 쓰이고 있다. 메밀꽃이 흐드러지게 필 무렵에 여는 가을음악회 공연장인 돔하우스도 맹개마을이 자랑하는 풍경 중 하나다.

종편 드라마 '미스터 션샤인' 제작팀이 두 번이나 찾아와 촬영허가를 받았다는 사실이 알려져, 매년 8,000여 명이 이곳에서 '농가스테이'를 체험한다. 드라마 세트장으로 꾸민 주막이 지금도 온전히 남아, 이곳 방문객들을 위한 도서관으로 활용 중이다.

소목화당은 체험휴양마을로 운영된다. 그림엽서 풍경, 동화의 삽화처럼 예쁜 건물이다. 이곳 방문객들이 SNS에 가장 많이 올리는 사진 배경이기도 하다. 2015년에 지어졌고, 숙박과 함께 밀, 메밀로 빵 만들기 체험, 밀밭에서 밀 서리를 하는 등의 체험 프로그램도 병행하고 있다.

3 맹개마을 인스타 명소 소목화당. 김선영-박성호 부부가 사는 공간이지만, 펜션으로도 활용된다.
4 야외음악회가 열리는 공연장인 돔하우스.

직접 비닐로 만든 돔하우스에서 여는 가을음악회도 매년 성황을 이룬다. 이런 다양한 프로그램을 운영한 공로를 인정받아, 작년 11월 '농업인의 날'에는 김선영 대표, 박성호 이사 부부가 대통령상을 받았다. 농사지은 유기농 밀(1차 산업)로 진맥소주를 만들어(2차 산업), 휴양을 겸한 자연체험마을을 운영(3차산업)해, 우리 농촌이 지향하는 6차 산업을 일군 성과를 인정받은 것이다.

저녁 무렵 나가본 들녘에는 수확기를 코앞에 둔 황금 빛깔의 밀알이 햇살을 받아 여물어가고 있었다. 가장 넓은 밀밭은 직선 거리만 500m라고 했다. 한쪽 끝에 서면 다른 쪽 끝이 잘 보이지 않았다. 값싼 수입산에 밀려 생산이 급격히 줄고 있는 곡물 중 하나가 우리 밀이라고 들었다. 그러나 이곳엔 우리 밀 중에서도 최고급으로 치는 '유기농 밀'이 지천으로 자라고 있었다. 농장 서너 군데 흩어져 있는 밀밭 전체 크기는 3만 평.

'안동진맥소주'는 이곳 맹개마을의 3만 평 농장에서 키운 유기농 통밀로 만든 증류주다. 진맥은 밀의 옛 이름이다. 안동은 쌀소주의 본고장이다. 쌀과 누룩으로 막걸리를 만들어 증류한 술이 안동소주다. 하지만 진맥소주는 쌀이 아닌 밀로 만든다. 밀은 보리와 함께 맥주, 위스키의 주재료다. 진맥소주는 밀과 누룩으로 발효주인 막걸리를 먼저 만든 뒤 상압증류한다. 진맥소주는 위스키, 쌀소주와 공통점이 있다. 위스키와는 원료가 같고, 쌀소주와는 제조방법이 같다. 그러나 위스키와 제조방법이 다르고, 쌀소주와는 원료가 다르다.

　　위스키는 맥주를 증류한 술인데 비해, 진맥소주는 한국식 누룩으로 막걸리를 만든 후 증류시켰다. 재료(밀)는 서양 술 위스키와 같고, 제조방법(막걸리를 만들어 증류)은 전통 쌀소주와 같은 술이 진맥소주다. 진맥소주에는 그래서 위스키 향이 묻어 있다. "싱글몰트 위스키 향이 난다."는 사람들도 있다. 40도, 53도 제품은 높은 도수에도 불구하고, 바닐라, 레몬 향이 난다. 재료인 밀에서 우러나는 꽃, 과일향 들이다. 독주를 부담스러워하는 소비자를 염두에 두고 22도 제품도 만들었다. 가장 많이 팔리는 술은 '진맥 40도'다. 또 오크통에서 일 년 이상 숙성한 '진맥소주 오크'가 최근 전통주 시장에서 파란을 일으키고 있다. 18만 원이라는 결코 낮지 않은 가격임에도, 생산이 수요를 따라가지 못하고 있다.

　　'안동진맥소주'를 만드는 농업회사법인 '밀과노닐다' 박성호 이사는 15년째 맹개마을에서 밀농사를 짓고 있다. 독일 유학(컴퓨터 전공) 후 1997년 귀국해 IT기업을 10년 남짓 경영하다가, 2007년 이곳으로 왔다.

"1992년에서 96년 말까지 독일 베를린자유대학에서 컴퓨터를 전공했습니다. 초기 개념의 인터넷을 주로 공부했죠. 97년에 창업한 것이 예스컴입니다. 문화와 인터넷을 접목시키는 일을 주로 했습니다. 정부 사업으로 공연 온라인 예약티켓 전산망 구축사업도 했는데, 1997년 서울국제연극제 준비작업의 일환으로 예약전산망을 공연장과 연결하는 사업을 주도한 정도가 이렇다 할 실적입니다."

'IT전도사'에서 '농부'로 변신한 그가 최근 '양조인'으로 다시 거듭난 이유가 궁금했다. 진맥소주는 유기농 밀로 만든 국내 유일의 증류주다. 특히나 직접 키운 농산물로 술을 만든 사례는 국내 양조장에서 보기 드물다.

농부가 직접 지은 농산물로 술을 빚는 가장 흔한 경우가 와이너리(와인 양조원)이다. 프랑스, 이탈리아는 물론 국내에서도 영천, 영동을 비롯해 수십 곳의 와이너리에서 직접 수확한 포도로 와인을 만든다. 그러나 직접 지은 밀농사를 술 원료로 쓰는 양조장은 현재 이곳 안동의 맹개술도가 말고는 듣지 못했다. 그뿐 아니다. 막걸리, 약주, 증류주를 생산하는 국내 양조장 중 원료를 자체 조달하는 양조장은 거의 없다. 최근에는 맹개술도가 역시 '안동진맥소주' 인기가 하늘 높은 줄 모르고 치솟는 바람에, 직접 짓는 밀 수확량 갖고는 모자라, 일부는 수매(외부 조달)하기로 했다고 한다. 박성호 이사는 "현재 주문받아 놓은 수량만 일 년치 생산량을 초월하는 3만 병에 이른다."며 "점차적으로 술 생산, 숙성시설을 늘리고 있다."고 말했다.

쌀이 아닌
밀로 만든 증류주

맹개마을, 맹개술도가를 제대로 보려면 최소한 하루는 이곳에서 머물러야 한다. 낮에는 밀밭과 소주 숙성고, 음악회 공연장인 돔하우스, 그리고 맹개마을에서 차로 15분 거리에 따로 있는 양조장까지 둘러보고, 저녁에는 진맥소주를 천천히 맛보는 일정이 제대로 된 '양조장 투어'다. 해 지기 전에 시간이 허락한다면, 맹개마을이 한눈에 보이는 700여 미터 높이의 학소대에도 올라, 맹개마을을 사진 한 컷에 담으면 '금상첨화'다.

안동은 '국내 3대 명인주'의 하나인 안동소주의 고향이다. 국내 3대 명인주 중 문배술(김포)은 쌀이 아닌 조, 수수로 만들고 전주이강주는 쌀소주에 배, 생강, 계피 등을 침출해서 섞는 리큐르다. 안동소주만 순수 쌀소주다. 그런데 쌀소주의 본고향인 안동에서 쌀이 아닌 밀로 소주를 빚다니? 맹개마을에서 박성호 이사를 만나 처음 던진 질문이 이것이었다.

"처음부터 술을 만들 생각은 아니었습니다. 15년 전 안동으로 내려와, 3만 평 규모 밀농사를 지어왔습니다. 친환경 공법으로 유기농 밀 인증까지 받았지만, 빵집에 밀가루를 팔아서는 수지타산이 맞지 않았죠. 그래서 밀로 술을 만들어보기로 했습니다. 오래전부터 '술은 농업의 꽃'이라고 생각했거든요. 농업의 부가가치를 높이기 위해 술을 만들었고, 전 세계 술 시장 관점에서 볼 때 밀이 쌀 이상으로 훌륭한 술 원료가 될 것으로 생각했습니다. 술을 만드는 과정에서 우연히 옛 문헌에 밀소주 기록을 찾게 돼 더 확신을 갖게 됐지요. 1540년에 쓰여진 요리책 '수운잡방'에 밀소주 '진맥소주'에 대한 주방문(레시피)이 자세히 나와 있습니다."

　쌀소주인 기존 안동소주 입장에서 보면 밀로 만든 진맥소주가 새까만 후배이지만, 역사적으로 보면 선후배 관계가 바뀔 수도 있다. 밀소주의 레시피가 처음 소개된 문헌은 1540년경에 김유가 저술한 요리책인 《수운잡방》이다. 안동 지방의 121가지 음식의 조리법을 담고 있는데, 소주 중에는 유일하게 밀소주 제조법만 언급돼 있다. 이 책에는 '밀(10되)을 쪄서 누룩(5되)과 함께 찧어서 물(1동이)을 부어 발효시켜 5일 후 증류해서 만든 술이 진맥소주'라고 돼 있다.

　고려시대, 몽골이 침입했을 당시 몽골의 병참기지가 안동에 있었다는 것과 진맥소주는 깊은 연관이 있다. 몽골의 증류주 기술이 고려시대에 자연스럽게 안동을 중심으로 이 땅에 처음으로 전해졌을 것이라고 보는 견해는, 전통주 전문가들 사이에서 별 이견이 없다. 따라서 고려시대에는 당시 흔했던 밀로 소주를 빚었고, 조선시대 이모작이 보편화되면서 쌀 보급량이 크게 늘어나, 쌀소주가 나중에 생겼다는 것이 합리적인 추론이라는 것이다.

　밀소주에 대한 옛 기록은 수운잡방뿐만이 아니다. 수운잡방보다 130년 뒤인 1670년경 장계향이 쓴 한글 조리서 《음식디미방》에도 쌀소주, 찹쌀소주, 밀소주 3종이 소개돼 있다. 박성호 이사는 "이 두 가지 문헌만으로 결론짓기는 어렵지만 밀소주 역사가 쌀소주에 앞섰을 수도 있다는 생각이 든다."며 "수운잡방에는 쌀소주에 대한 언급이 없고, 100년도 더 지난 음식디미방에는 쌀소주, 밀소주가 같이 언급됐기 때문"이라고 말했다.

직접 농사지은
통밀로 만든 술

진맥소주 제조 과정은 크게 농사짓는 과정과 술 만드는 과정, 두 가지다. 밀은 한국은 물론 전 세계적으로 겨울이 오기 직전에 파종한다. 추위가 시작되는 10월 말, 11월 초에 씨앗을 뿌리면, 2주 후에 파랗게 싹이 올라오다가 겨울을 맞이한다. 얼어 죽은 듯이 있지만 뿌리는 살아서 겨울을 보낸다. 3월 초부터 크기 시작해 6월 말에 다 여물어서 수확한다. 수확한 밀은 바로 건조를 해서 2도의 저온창고에서 보관된다. 7~8월 혹서기에는 술을 담그지 않는다. 9~10월쯤 술을 만드는 시점에서 선별작업을 거친다.

진맥소주 제조공정

통밀 찌기
↓
밑술 만들기(밀누룩 사용)
↓
1차 덧술
↓
2차 덧술
↓
술 거르기
↓
증류(2단계)
↓
숙성(6개월~1년)
↓
관능 및 품질검사
↓
병입
↓
출고

그다음이 양조 단계다. 껍질만 벗긴 통밀을 쪄서, 밀누룩을 섞어 밑술을 담그고 2차례 덧술을 더해(삼양주) 한 달 동안 발효과정을 거치면 술덧(막걸리)이 완성된다. 이렇게 발효한 술을 거르고 두 단계의 증류를 거쳐 진맥소주 증류원액이 완성된다. 그러면 옹기에 6개월~1년 숙성을 하고 관능과 품질검사, 규격을 맞추어 병입해 출고한다.

그런데 통밀로 술을 빚는다는 것은 무슨 뜻일까? 통밀을 깎지 않은 채로 고두밥을 지으면 수율(투입 원료 대비 술 생산량)은 높지 않다. 술 발효에 필요한 성분은 단백질, 지방 등을 뺀 전분인데, 도정하지 않은 통밀에는 발효에 직접 필요하지 않는 여러 물질이 혼재돼 있기 때문이다. 박 이사는 "통밀로 술을 빚기 때문에 밀이 갖는 다양한 곡물향을 온전히 살릴 수 있었다."고 말했다. 실제로 진맥소주는 바닐라향, 레몬향이 난다는 반응이 적지 않다. 진맥소주는 22도, 40도, 53도 세 가지가 있지만, 간판 상품인 40도 제품을 원액 그대로 마시면 통밀빵의 고소함, 레몬 같은 과일의 단맛이 느껴진다. 53도 제품에는 바닐라향, 약간 매운맛도 풍긴다. 얼음을 타서 53도를 천천히 마시면 다양한 곡물향이 되살아난다. 박성호 이사는 "술이 약한 분들을 위해 만든 22도 제품은 시원한 여름오이 같은 향이 난다."고 말했다.

'신생 양조장'인 맹개술도가는 제품 회전율이 좋은 막걸리 대신 왜 증류주를 선택했을까? 막걸리는 발효만 끝나면 곧바로 제품화할 수 있어, 한 달 만에도 시장에 제품을 출시할 수 있다. 그러나 소주 같은 증류주는 발효 후에 증류과정을 거쳐야 하고, 적어도 6개월, 길게는 1년 이상 숙성을 거쳐야 한다. 짧게는 일 년, 늦으면 2년 동안 '전혀 돈이 안 되는 술'이라는 것, 한마디로 자금 회전이 늦은 술이다. 박성호 이사에게 두 번째 질문을 했다.

"발효주는 발효주의 특징이 있고, 소주는 또 소주의 특징이 있습니다. 소주를 선택한 데는 두 가지 이유가 있어요. 안동은 소주로 유명한 지역입니다. 소주로 승부를 볼 수 있다는 생각은 지역적 특성(안동소주의 본고장)에서 비롯했지요. 또 하나는 내가 있는 곳이 외진 곳이라는 지역적 한계 때문입니다. 막걸리, 약주 같은 발효주는 유통기한이 1~2개월 정도인데, 이곳이 유통에는 불리한 지역이기 때문에, 산속 오지에서 장기 숙성할 수 있는 증류주를 선택했습니다. 소주는 장기 보관이 유리하고, 서양 위스키처럼 장기 숙성해서 고품질의 증류주를 생산할 수 있다고 생각했지요. 한마디로 안동소주의 고급화 전략인 셈이죠. 기존 안동소주의 품격을 한층 높이는 프리미엄 소주를 만드는 것이 목표입니다. 소주를 선택하면서 자금 회전이 늦을 것은 처음부터 각오했어요. 다행스럽게도 2020년부터는 매년 제품이 출시되고 있고, 고맙게도 시장 반응도 좋아 자금에 숨통이 트이고 있습니다."

농부가 양조인 역할까지 하다 보니, 진맥소주는 만드는 데 최소 2년이 걸린다. 그래서 맹개술도가의 모토는 '씨앗부터 술병까지Farm to Glass'다. 박 이사는 "진맥소주 한 병에는 2년의 기다림, 5제곱미터의 밀밭, 그리고 농부의 한 움큼 땀방울이 담겨 있다."고 말한다.

시간이 많이 걸린다는 단점이 있지만, 농부가 만드는 술의 장점도 크다. 오랫동안 직접 밀을 키우다 보니 수확기 밀알 향만 맡아봐도 어떤 성격의 술이 만들어질지 대번 짐작이 간다고 한다. 박 이사 부부는 양조용 밀, 빵을 만드는 밀, 누룩을 만드는 밀을 따로 심을 정도로 '밀 박사'가 됐다. 원료를 사다 술을 빚는 양조인은 짐작도 할 수 없는 노하우가 아닐 수 없다. '농부 출신' 양조인이 갖는 이 같은 자부심은 다른 양조인들은 쉽게 넘볼 수 없는 영역이다.

진맥소주의 거의 유일한 단점은 '착하지 않은 가격'이다. 진맥소주 40도 500ml 가격이 49,000원, 진맥소주 53도 500ml는 88,000원(인터넷 기준)이다. 오크통에 1년 6개월 이상 숙성시킨 술 '시인의 바위'Poet's ROCK'는 500ml 가격이 20만 원이 넘는다. 웬만한 위스키보다 비싸다. 여기서 말하는 시인은 퇴계 이황이다. 퇴계 선생은 맹개마을을 감싸며 흐르는 낙동강 상류 한가운데 우뚝 서있는 바위 경암을 주제로 시를 쓴 바 있다. 박성호 이사에게 한 마지막 질문은 가격이었다.

"신생 양조장 입장에서 가격 결정은 쉽지 않습니다. '후발 주자가 가격은 왜 더 비싸?' 이런 반응은 예상하고 있었지요. 하지만 유기농 친환경 인증을 받은 밀을 직접 생산해, 그중에서도 좋은 재료만 농부가 엄선해 빚은 밀소주의 가치를 인정받고 싶었습니다. 진맥소주는 한국을 넘어 세계 술 시장에서도 우뚝 설 수 있을 정도의 품질을 갖추었다고 자부합니다. 해외 주류품평회에 매년 출품하는 것도 장기적으로 수출까지 염두에 둔 전략입니다. 다행스럽게도 2년 연속 최고상을 받아 뿌듯합니다."

박성호 이사의 말처럼 안동진맥소주가 세계로 뻗어나가 진가를 발휘할 수 있는 날이 빨리 오기를 기대한다.

제품명, 제조장	**마한(36도) 스마트브루어리**
색상, 질감	맑고 투명
향	은은한 꽃향 바닐라향
맛	단맛이 있음. 목넘김이 부드럽다. 알코올 맛이 강하지 않다. 밸런스가 좋다.

마한 36도

SK하이닉스 사장을 지낸 '반도체 전문가' 오세용 대표가 고향인 충북 청주에 차린 양조장 스마트브루어리에서 만든 쌀소주. 마한은 알코올 도수가 36도다. 국내 중국집에서 잘 팔리는 연태고량주(34도)를 능가하는 술을 만들겠다고 도수를 비슷한 36도로 정했다. 감압증류해 맛이 깔끔, 담백하다. 2022년 대한민국주류대상에서 최고상인 '베스트 오브 베스트' 상을 수상했다. 마한을 오크통 숙성한 제품이 '마한 오크(40도)'다. '위스키보다 더 위스키 같은 술'이란 얘기를 듣는다.

스마트브루어리 주요 제품을 앞에 둔 오세용 대표.
청풍미향은 진, 무심은 보드카다. 쌀을 원료로 진과 보드카를 만든 것은 이 제품들이 처음이다.

스마트브루어리 양조장을 찾아가기가 쉽지 않았다. 네이버 지도 검색에서도 스마트 브루어리는 찾을 수 없었다. 주소 검색을 통해 겨우 찾아간 양조장은 절간처럼 고요 했다. 필자가 수년간 지방의 크고 작은 양조장을 부지런히 다녔지만, 이곳만큼 철저 히 '1인 양조장'인 곳은 거의 없었다. 술 만드는 작은 양조장 옆에 혼자 쓰는 사무 실, 그 뒤 간이숙소가 전부였다. 흔한 술 진열장 하나 없었다. 오세용 스마트브루어 리 대표는 "철저히 1인 양조장은 아니고 바쁠 때는 가족이나 지인들이 돕는다."며 "일주일에 나흘 정도는 양조장에서 혼자 지낸다."고 말했다(2021년 6월 방문).

SK하이닉스 사장 퇴임 후
증류주 전문 양조장 차려

직원 수만 12,000명, '세계 톱3 반도체 생산 기업'인 SK하이닉스 사장 (생산 담당)을 하다가, 직원 한 명 없는 '1인 양조장'을 차린 사람을 아는 가?

15년간 다닌 삼성전자를 퇴직한 때인 2009년, 그의 직함은 '삼성전 자 반도체 메모리사업부 IPT실 부사장'이었다. 삼성전자에서도 '가장 잘 나간다'는 반도체 사업부에서만 10년 이상 임원을 했고, 2013년 스카웃 된 SK하이닉스에서도 3년간 제조·기술 부문 사장으로 근무했다. 그리고 2015년, 만 61세에 은퇴했다. 한마디로 '성공한 샐러리맨'이다.

그는 SK하이닉스 사장 부임 기간 내내 변화와 혁신을 강조, '생산 운영시스템과 임직원의 의식을 세계일류화시켰다'는 평가를 받았다. SK 하이닉스 사장 부임 첫 해에 발생한 중국 공장 화재사고를 초단기에 복구하고, 생산라인 전반의 효율과 수율의 획기적 향상으로 막대한 경영 이익을 창출한 업적도 거뒀다.

이쯤 되면 그의 다음 이력은 모교인 서울대 공대 석좌교수 정도가 어울릴 것 같은데, 그의 선택은 의외였다. 그는 고향인 청주로 내려가 증류식 쌀소주를 만드는 지역 특산주 양조장을 차렸다. 연간 매출이 얼마냐고? 잘 나가던 시절, 그의 한 달 급여도 안 된다.

2019년에 설립된 스마트브루어리 오세용 대표 이야기다.

그는 전통주 업계에 뒤늦게 입문해서도 '남들이 가지 않은 길'을 걷고 있다. 쌀을 주원료로 외국이 원조인 보드카, 진을 만들었다. 하지만 소비자 반응은 아직 미지근하다. 보드카, 진 같은 술은 아직 가정에서 즐기는 술이 아닌 탓이 클 것이다. 그나마 쌀 증류주인 36도 마한, 40도 마한오크는 소비자 반응이 좋아, 생산 즉시 완판을 이어가고 있다.

쌀로 진, 보드카 만들어
쌀소주의 외연 넓히는 데 기여

스마트브루어리는 보통의 양조장과는 달리 고즈넉한 분위기에 술 사러 오는 사람마저 반기지 않는 듯 보였다. 입구는 물론 건물 어디에도 그

흔한 양조장 문패 하나 붙여놓지 않아, 이곳이 무얼 하는지는 동네 사람들도 모를 정도였다. 그는 "30년 이상을 몸담아온 한국 반도체산업의 역사에 대한 책을 쓰고 있는 중인데, 찾아오는 사람이 거의 없어 양조장이 집필실로 딱 좋다."며 양조장 주인답지 않은 얘기까지 했다.

그렇다고, 양조장 대표 노릇을 소홀히 하고 있는 건 또 아니었다. 에스 원(알코올 도수 20도)을 시작으로 쌀소주 '청람'(25도), '마한'(36도), 보드카 '무심'(45도), 진 '청평미향'(45도) 등을 잇달아 술시장에 내놓았다.

'청람'은 증류 과정에서 초류(증류 초기에 나오는 증류액)를 많이 쓴다. 초류의 향이 짙기 때문이다. 술의 도수가 높으면 자연스레 향도 진한데, 물을 상대적으로 많이 타는 25도 술은 36도 술에 비해 향을 살리기가 힘들다. 그래서 초류는 청람을 만드는 데 많이 쓴다.

'마한'은 알코올 도수가 36도다. 국내 중국식당에서 독보적으로 잘 팔리는 백주가 '연태 고량주(34도)인데, 연태고량주를 상대할 우리 술을 만들어보겠다는 취지로 만든 술이다. 청람과 마찬가지로 감압증류했다. 마한은 2022년 대한민국주류대상에서 대회 최고상인 '베스트 오브 베스트'를 수상했다.

이중 쌀을 주원료로 만든 보드카와 진은 '국내 최초'다. 보드카와 진 제품이 기존에 없는 것은 아니지만, 쌀 술로 보드카와 진을 만든 건, 스마트브루어리가 처음이다. 진과 보드카는 일반적으로 밀, 감자 등의 원료로 만든 술을 증류한 원액을 이용해 주니퍼베리를 비롯한 각종 허브를 넣거나(진), 자작나무 숯으로 여과시켜(보드카) 만든다.

그러나 그가 만든 보드카 무심(45도, 375ml 20,000원)과 진 청풍미향(45도, 500ml 25,000원)은 시장에서 아직 존재감이 거의 없다. 보드카와 진이라는 술 자체가 칵테일 베이스(원주)로 주로 쓰이는데, 그가 만든 술은 가정용이기 때문이다. 국내에서는 집에서 칵테일을 즐겨 만들어 마실 정도로 칵테일 문화가 보편화돼 있지 않다.

　그걸 애초에 그가 몰랐을까? "남들이 시도하지 않은 걸 만들고 싶었다."는 게 그의 설명이다. 그나마 쌀소주 청람, 마한, 마한오크는 꽤 팔린다. 생산과 더불어 판매가 안정 궤도에 접어들면서 오세용 대표는 현재 인근 땅에 '제2양조장'을 추진하고 있다.

　국내 최고의 반도체 전문가가 생뚱맞게 전통주 창업에 뛰어든 것 못지않게, 스마트브루어리의 포트폴리오(제품 구색) 자체가 무모하다는 지적이다. 다음은 익명을 요구한 국내 한 전통술 전문가의 의견이다.

　"다른 지역 특산주, 전통주 양조장처럼 증류식 소주나 만들어 전통주 마케팅으로 갔으면 신생 양조장으로서 훨씬 편하게 홍보하고 판매했을 텐데 스마트브루어리는 그러지 않았다. 아무도 시도하지 않은 쌀 원료 증류주로 보드카와 진을 만들었다. 신생 양조장 대표가 왜 이렇게 어려운 길을 가는지 모르겠다. 다만, 한국적 보드카, 진을 만들어 국산 증류주의 외연을 넓힌다는 시도는 무척 고무적인 일이다."

오크통 숙성시킨 '마한 오크'
베스트셀러 등극

오세용 대표의 주목할 만한 또다른 시도는 '오크통 숙성' 소주이다. 이곳

스마트브루어리의 히트작품 마한 오크. 오른쪽 사진 위에 보이는 오크통에서 1년 정도 숙성한다. 마한 오크는 쌀 소주 특유의 곡물향과 오크통에서 우러나는 꽃향, 바닐라향이 일품이다.

양조장에서 나오는 쌀 증류주 청람과 마한은 증류 후 스테인리스 탱크에서 두어 달 숙성시킨 뒤 병입해 세상에 나간다. 그런데 최근 스테인리스 탱크가 아닌, 국산 오크통에서 일 년간 숙성시킨 마한을 시음용으로 지인들에게 맛보였더니, 반응이 아주 좋았단다. 그래서 2022년 초에 내놓은 술이 '마한 오크'(40도)다.

　일 년을 오크통에서 숙성한 '마한 오크'는 색상부터가 기존의 투명한 쌀소주와 확연히 대비된다. 프리미엄 위스키 색깔로 흔히 얘기하는 호박색보다 훨씬 진해, 붉은빛이 강렬하다.

　맛과 향은 어떨까? 한마디로 '위스키보다 더 위스키 같은 술'이다. 오크통에서 겨우 일 년 숙성한 위스키는 위스키 본고장에서는 위스키로 취급도 안 해주지만(스코틀랜드에서는 3년 이상 숙성한 위스키에 한해 '스카치위스키'란 명칭을 허용한다), 쌀 증류주의 일 년 오크 숙성은 한마디로 '임팩트'가 있었다. 오크향이 진하면서도 쌀소주 특유의 부드러운 곡물향이 입안을 맴돌았다.

오크 숙성 쌀소주의 원조는 화요X.P다. 2005년 국내 프리미엄 증류주시장을 개척한 화요 시리즈 중 가장 비싼 화요X.P는 3년을 오크통에서 숙성한 쌀 증류주다. 프랑스로 대량수출하기도 하는 등 해외에서도 호평을 얻고 있다. 마한 오크는 숙성 기간을 일 년으로 줄인 대신 가격(375ml 25,000원)을 화요X.P의 절반 정도로 책정했다.

오세용 대표가 처음 안내한 곳은 발효실이었다. 400L 용량의 발효탱크가 10개, 냉각쿨링시스템을 갖춘 대형 발효조는 2개가 별도로 있었다. 이곳에서는 전통누룩이 아닌 개량누룩의 일종인 입국을 사용해

100% 쌀 술덧을 만든 뒤 증류 과정을 거친다. 오세용 대표는 "증류주용 술덧 발효 기간은 일반 막걸리와 좀 달라, 3~4주 정도(일반 막걸리는 10일 내외)로 발효 기간을 좀 길게 가져가면 술맛이 좋아진다."고 했다.

발효가 끝나면 증류 공정으로 넘어간다. 증류방식 역시 전통 상압증류방식이 아닌 감압증류방식을 주로 쓴다. 550L 용량의 술덧을 한 번에 증류설비에 넣어 증류시킨다. 증류기는 특별 제작한 국산 장비다. 제조 설비회사와 오세용 대표가 감압증류기를 공동으로 만들었다고 한다.

한 번 증류하는 소주와 달리 오세용 대표가 만드는 보드카와 진은 특별히 세 번 증류 공정을 거친다. 보드카는 처음 두 번은 감압증류, 마지막 세 번째 증류는 상압증류한다. 2차 감압해서 보관하고 있다가 병입 단계 직전에 마지막으로 상압증류하는 것이다. 그 다음에 자작나무 숯으로 여과를 시켜 술을 완성한다. 진은 조금 다르다. 두 번 감압증류하는 것은 같지만, 허브(주니퍼베리)를 집어넣어 24시간 이상 침출을 시킨 다음에 그 액을 다시 상압증류한다.

오세용 스마트브루어리 대표는 2022년 6월, 레시피를 조금씩 다르게 한 진 제품 여러 개에 대해 전문가들을 불러 시음회를 갖는 등 진 제품 업데이트에도 애를 쓰고 있다. 2022년 대한민국주류대상에 진 제품을 출품했지만, 수상하지 못한 것을 '분발의 기회'로 삼겠다고 했다.

청주에 있는 스마트브루어리는 지역특산주 양조장이다. 때문에 양조장 인근 지역의 농산물만 원료로 사용할 수 있어, 외국 진 제품에 범용적으로 들어가는 재료도 사용할 수 없다. 진에 넣을 수 있는 다양한 허브 역시 양조장이 있는 청주, 혹은 인근 지역에서 구해야 한다. 오 대표는 "주정을 사용하지 않고, 쌀을 원료로 한 증류주로 진을 만든 건, 청풍미향이 처음이 아닌가 싶다."고 말했다.

쌀을 원료로 만든 보드카 역시 드문 경우다. 보드카가 어떤 술인가? 무색, 무취, 무미의 술이다. 그래서 쌀소주 특유의 맛과 향을 빼야 한다. 기본적으로 맛과 향을 빼는 데는 감압증류가 상압증류보다 유리하다. 상압과 달리, 담백한 술을 만들기 때문이다. 그래서 "3차 증류까지는 필요하지 않은 것 같다."는 게 오세용 대표의 설명이다. 2차 감압증류만 하거나, 1차 감압, 2차 상압 정도면 무난하다는 것이다. 왜냐면 쌀로 만든 술이 그렇게 이취(잡내)가 많지 않기 때문이다. 보리, 감자 등으로 만든 술보다는 기본적으로 순하다.

증류가 끝난 제품은 최소 6주 정도 숙성시킨 뒤 병입한다. 이후 알코올 도수를 맞춘 뒤 후숙성 기간도 거의 한 달이 걸린다. 그러고 나서 병입한다. 숙성만 거의 10주를 하는 셈이다.

이곳에선 다른 전통주 양조장에서는 쉽게 볼 수 없는 것이 하나 있다. 가뜩이나 좁은 양조장을 더 좁게 만드는 20여 개의 오크통이 그것이다. 이에 대한 오세용 대표의 설명이다.

"이 오크통은 소주를 차별화하고, 수출도 염두에 두고 들여왔습니다. 쌀소주를 오크통에 숙성하면 어떻게 될까요? 희석식소주 업체 한 곳이 오크통에 숙성한 사례가 있지만, 워낙 물을 많이 타서 오크통 숙성 효과가 일반인들에게는 거의 느껴지지 않을 정도였습니다. 그래서 나는 오크통 숙성이 일반화돼 있는 위스키처럼 만들어보려고 했습니다. 우선, 적은 양의 소주를 오크통에 숙성시켜 맛을 보게 했더니 주변 사람들의 평이 너무 좋았지요. 그래서 이걸 제품화하기로 했습니다. '마한 오크'는 여름 혹서기에 제대로 숙성을 거친 뒤부터 순차적으로 시장에 내놓고 있습니다."

오 대표는 수입산 오크통 대신, 국산 오크통을 선택했다. 충북 영동에 국산 오크통 제작업체가 한 군데 있다고 한다. 우리나라 참나무 목질이 외국산에 비해 그리 단단하지 못한 데다, 제조 기술 부족으로, 오크통 속의 술이 스며나오는 경우가 더러 있기는 하다. 마한 오크는 이미 국세청, 식약처 승인 절차를 마쳤다. 숙성 기간은 일 년, 알코올 도수는 40도다.

그런데 문제는 숙성 기간이다. 아무리 한국 여름이 덥다 해도, 숙성이 짧은 술은 한계가 있다. 그런데 우리나라 주세법은 오크 숙성을 길게 하는 것을 허용하지 않는다.

오크통 숙성이 1년을 넘길 경우, 이를 위스키로 취급하고, 지역특산주 면허로는 만들 수가 없다. 그래서 오크 숙성 증류주를 내놓는 양조장들도 대부분 오크 숙성을 일 년 이하로 한다. 세계시장에 내놓을 명품 술 만드는 것을, 주세법이 막고 있다고 해도 과언이 아니다.

오세용 대표가 오크 숙성 증류주의 상품성을 높이 평가하는 것은 어느 정도 근거가 있다. 그의 얘기를 좀 더 들어보자.

"국내 주세법에는 '오크통 숙성' 표기를 하려면 최소한 일 년은 숙성해야 하기 때문에 일 년 숙성 제품을 내놓기로 했습니다. 더 오래 숙성하면 당연히 더 맛이 좋아지겠지만, 일 년만 숙성해도 맛이 괜찮지요. 무더운 한여름 2~3개월 숙성하는 게 굉장히 중요해요. 일 년 숙성의 80~90%는 그때 일어나는 것 같습니다.

온도가 올라가면 결감(오크통 보관 중에 술이 증발하는 현상)하는 술 양도 많아지겠지만, 속성 숙성이 이뤄져 일 년만 오크통에 둬도 오크 숙성의 효과를 일반인들도 확연히 느낄 수 있습니다. 한국보다 더 더운 대만의 경우, 스코틀랜드 5~6년 위스키 숙성 효과를 일 년 만에 하고 있습니다.

속성 숙성을 가능하게 한다는 측면에서 한국의 여름철 더위는 증류주 오크 숙성에는 축복입니다. 오크통 숙성 외에 초음파 기술로 속성 숙성을 하는 방안도 검토 중입니다. '술의 차별화는 숙성에 있지 않나' 생각합니다. 특히 증류주를 차별화할 수 있는 게 숙성입니다.

와인 같은 발효주를 숙성하는 것은 저온이 유리하겠지만, 증류주, 위스키는 좋은 숙성조건이 와인과 다르다고 봅니다. 오히려 기온이 높은 것이 숙성을 촉진시키는 역할을 하죠. 그런 면에서 우리나라가 증류주 숙성 조건은 위스키 본고장인 스코틀랜드보다 낫다고 봅니다. 다만 휘발돼 없어지는 술 양이 많다는 것은 단점이겠죠."

오 대표와 함께 보드카를 자작나무 숯으로 여과시키는 작업실로 자리를 옮겼다. 보드카 제조 공정의 핵심은 3차 증류까지 한 술을 자작나무 숯으로 여과를 하는 것이다. 이곳에서는 시베리아산 자작나무 숯을 분말로 만들어 술을 여과시킨다. 오세용 대표는 "숯의 흡착력을 높이기 위해 분말을 냈다."며 "증류주에 분말 숯가루를 집어넣어 24시간가량 지난 뒤 여과 과정을 거치면 맛과 향을 더 줄일 수 있다."고 말했다.

그렇다면 숯으로 흡착, 필터링을 진행하기 전과 후의 증류주 향과 맛 차이는 어느 정도인지 궁금했다. 오 대표의 대답은 다소 실망스러웠다.

"3차 증류까지 한 술과 이를 다시 자작나무 숯으로 여과까지 한 술은 내 입맛에는 큰 차이가 없었습니다. 보드카의 경우, 자작나무 숯 여과를 의무적으로 하게 한 것은 그렇게 하지 않으면 일반 소주와 구분할 수 없기 때문입니다. 보드카라고 이름 붙이려면 자작나무 숯으로 여과하라는 게 국세청 지침이죠. 법적인 요건 때문에 자작나무 숯 여과를 하는 겁니다. 사실은 감압증류를 두 차례나 진행했기 때문에 곡물 고유의 향, 입국 향 등은 이미 거의 없는 상태예요. 때문에 숯 필터링을 거쳐도 별 차이가 없습니다. 다만, 주세법상 보드카라는 술로 판매하려면 자작나무 숯 여과를 거쳐야 합니다."

쌀 증류주로 보드카를 만든 오세용 대표의 고민은 '차별화'였다. 그리고 그 해법을 그는 원료에 두었다.

"보드카 개발 당시, 여러나라 보드카를 구해 맛과 향을 봤습니다. 사실 보드카만큼 차별화하기 어려운 술이 없습니다. 왜냐면 무색, 무미, 무취가 보드카의 특성인데, 기존에 나와 있는 보드카와 정말 차별화된 새로운 보드카를 내놓기는 어려웠지요. 향이라도 있으면 차별화해보겠는데 말이에요. 향이 없게 술을 만들어야 하니 정말 난감할 수밖에요. 어떻게 보면 앞뒤가 안 맞는 거예요. 무향의 술을 어떻게 다르게 만들 수 있겠어요? 다만, 나는 쌀을 증류원액으로 보드카를 만들었습니다. 대개는 알코올 95도 정도의 주정을 희석(물 타는 짓)한 뒤 필터링을 거쳐 보드카를 만듭니다. 원료의 차별화는 확연합니다."

양조장을 둘러본 뒤 자리에 앉아 본격적인 질문을 쏟아냈다. 앞서 그가 보여준 이력서는 그가 그동안 숨돌릴 틈도 없이 앞만 보고 달려왔음을 증명하는 듯했다. 서울대 금속공학과 학부, 석사를 마친 뒤 스탠포드 대학원에서 재료공학 석사, MIT 재료공학 박사학위를 취득했다. 미국 IBM 본사에서도 6년을 근무하고 국내로 들어와 삼성전자 반도체사업부에서 15년을 근무했다. 서울대 융합과학기술대학원 초빙교수로 있던 그를 부른 것은 SK하이닉스였다. 2013년부터 2015년까지 3년간 생산담당 사장으로 일했다. 그러고 나서 1인 양조장 스마트브루어리를 만든 게 2019년이다. 마지막으로 오대표에게 소규모 양조장을 차린 이유를 물어봤다.

"많이 마시지는 않지만 평소에 술을 좋아했습니다. 술도 특정한 술을 선호하는 것은 아니고, 위스키, 와인, 한국의 전통주 등을 고루 마셨어요. 공돌이(공대 출신)라 그런지 술 마실 때마다 '이 술은 어떻게 만들었을까?' '왜 이 맛이 날까?' 이런 생각을 하곤 했지요. 술에 대한 궁금증을 항상 갖고 있었던 것 같아요.

대기업 경영자 역할을 오래 하다 보니 외국손님 접대나 부하직원 회식이 적지 않았습니다. 직원 회식 때에는 희석식소주 마시는 게 흔했고요. 문제는 외국 사람들과 식사할 때였지요. 사실, 마땅한 한국술이 있으면 그 술을 내놓고 자랑도 할 텐데 그러지 못했어요. 왜냐면 서양 사람들은 처음 만나면 와인 얘기부터 하는 게 기본이었으니까요. 우리도 외국 사람 앞에서 자랑할 술이 있으면 얼마나 좋을까? 항상 그런 생각을 했습니다.

그러다가 2009년 삼성전자를 그만뒀어요. 대기업 고위임원으로 오래 근무하다가, 갑자기 백수가 되다 보니 공황 상태 비슷했죠. 그래서 취미생활은 무얼 할까? 고민하다가 갑자기 술 생각이 났습니다. 술을 직접 만들어보자는 생각을 했죠. 2009년에서 2010년 사이에 술 공부를 했습니다. 경기대학교 수수보리아카데미 1년 과정을 다녔어요. 이론 수업은 기본이고, 실습, 시음을 하면서 강의를 들었는데, 살면서 그렇게 재미있는 강의는 처음 들었어요.

그다음부턴 직접 술을 만들어 술자리에 가지고 나갔습니다. 삼성 다닐 때는 사람 만나기가 정말 쉬웠어요. 누구나 삼성 얘기를 듣고 싶어 하니까요. 그런데 막상 삼성을 나오니까 나 스스로도 사람 만나는 게 좀 꺼려지고, 주변 사람들도 내가 보자고 하면 '왜 보자고 하지?' 이런 생각들을 하는 것 같아 보였지요. 그런 어색함을 깨는 데 술만 한 게 없었어요. '제가 술을 만들었는데, 다 익었습니다. 같이 맛 한번 보시죠' 이렇게 말하면 100이면 100명이 다 좋다고 하더라고요. 부담없이 만나는 데 술만 한 마중물이 없는 거죠. 당시 내가 만든 술을 마셔본 분들이 지금 내 주요 고객들입니다."

아직은 크지 않은 전통주 시장에서 스마트브루어리의 남다른 시도는 의미가 적지 않다. 오 대표의 말대로 외국인에게 자랑스럽게 소개할 만한 우리 술이 하루빨리 많이 나왔으면 한다.

제품명, 제조장	**백걸리(14도)** 백술도가
색상, 질감	회백색 탁도 진함 농밀한 점도
향	꿀향, 단향 요거트향 과일향
맛	달고 진하고, 신맛. 크리미하고 쓴맛이 있다. 단맛이 다른 맛을 잘 눌러준다. 재미있는 밸런스(조화)를 느낄 수 있다. 얼음을 넣어서 마시면 신맛과 단맛, 도수가 줄어들면서 편하게 마실 수 있다.

백걸리 14도

유명 방송인이자 성공한 외식사업가인 백종원 대표가 양조장 백술도가를 차려 만든
첫 번째 막걸리. 알코올 도수가 무려 14도다. 발효한 막걸리 원주에 거의 물을 타지
않고 병입했다. 서울에 양조장을 차렸지만, 백 대표 고향인 예산쌀을 원료로 사용,
지역특산주가 아닌 소규모양조 면허를 받아 생산하고 있다. 따라서 인터넷으로는
구매할 수 없다. 서울 사당동 인근의 양조장에서 병당 8,500원에 판매하고 있다. 제
성(술 거르기)을 다소 거칠게 해서 탄닌 같은 텁텁함도 있다. 알코올 도수가 다소 부
담스럽다면, 얼음을 타서 마실 것을 백종원 대표는 권한다.

외식업계 대부의 도전
백술도가 백종원 대표

백걸리는 서울 사당역 인근의 백술도가 양조장에서 판매하고 있다. 알코올 도수 14도, 350ml 한 병 가격은 8,500원. 더본코리아(대표 백종원)가 운영하는 막걸리 주점 '막이오름'의 26개 매장에서도 백걸리를 취급한다. 그러나 지역특산주가 아니기 때문에 인터넷으로는 살 수 없다. 서울에 양조장을 차렸지만 충남 예산쌀을 사용하기 때문이다. 지역특산주 면허를 받으려면 양조장 소재지의 원료로 술을 빚어야 한다. 예산은 백술도가 백종원 대표의 고향이다.

요리연구가 백 대표,
막걸리를 만들다

|

드디어 백걸리가 시판을 시작했다. 2022년 4월 15일, 요리 연구가 백종원 대표가 운영하는 외식 프랜차이즈 더본코리아는 생막걸리 '백걸리'를 출시한다고 밝혔다. 2021년에 처음 선보인 백걸리는 백종원 대표가 "판매를 목적으로 만든 것이 아니라, 전통주에 대한 공부 차원에서 만든 술"이라고 했지만, 결국 상업용 막걸리로 출시하기로 한 것이다. '백걸리 상업화'에 대한 여론이 그리 나쁘지 않다고 판단한 것이리라. '방송을 통해 얻은 명성을 이용해 막걸리 사업을 한다'는 지적이 없었던 것은 아니었지만, 그보다는 '백종원의 막걸리 개발은 전통주 시장 활성화에 도

움이 될 것'이라는 후한 평가가 훨씬 많았다.

백걸리의 출시는 사실상 예견된 것이나 마찬가지였다. 2,000여 개의 프랜차이즈 매장을 갖고 있는 '성공한 사업가' 백종원 대표가 2021년, 서울의 노른자위 땅에 비싼 자동화 양조설비를 잔뜩 들여놓은 양조장을 차려놓고 술을 만들어왔기 때문이다. 그래서 백 대표가 "지인들에게 선물용으로 나눠주고 있을 뿐, 판매 방침은 아직 정하지 않았다."고 했지만, 업계에서는 "시간 문제일 뿐, 조만간 출시할 것"으로 내다봤고, 결국 그 전망대로 됐다.

백걸리는 어떤 술일까? 또 방송인이며 사업가로 맹활약 중인 백종원 대표는 막걸리를 왜 만들었을까? 그가 '타고난 사업가'인 점을 감안할 때, 백걸리를 개발할 즈음부터 모르긴 해도 '큰 그림'을 이미 그려놓지 않았을까 싶다. 그가 그려 나갈 '큰 그림'이 궁금했기에, 여러 차례 공을 들여 백 대표를 인터뷰하는 데 성공했다. 그는 "전통주에 관심이 많고, 내가 만든 술뿐 아니라 국내 여러 전통술을 국내외에서 팔고 싶다."며 "일반인들이 전통주에 많은 관심을 갖도록 노력하겠다."고 말했다. 한마디로, 전통주를 개발하고, 방송에서도 전통주를 많이 언급하는 것이, 전통주 산업 활성화에 도움이 될 것으로 기대한다는 것이다.

백 대표의 인터뷰 내용을 자세하게 소개하기 전에 우선, 백걸리를 만드는 양조장, 백술도가 탐방기를 먼저 적는 게 순서에 맞을 것 같다. 백술도가는 서울시 서초구 방배천로 2길, 사당역 인근에 위치하고 있다. 지하 1층의 백술도가 양조장 규모는 크지 않았다. 술 발효탱크는 5개, 한 달 생산량이 8,000병(350ml) 정도다. 이틀에 한 번, 병입 작업을 하고 있다. 김영준 점장은 "조금씩 생산량을 늘리고는 있지만, 생산량을 획기적으로 늘리기는 어렵다."며 "아직 확정되지 않았지만, 주문자생산방식(OEM) 등 생산량을 늘리는 다양한 방안을 검토하고 있다."고 말했다. 현재 이곳에서는 매주 목요일부터 일요일, 오후 2시부터 오후 6시까지만 백걸리를 판매한다. 백종원 대표가 "향후 대형마트에까지 백걸리를 입점시킬 계획을 갖고 있다."고 말한 것으로 봐서, 백걸리 생산 장소가 이곳 백술도가 외에도 여러 곳에 생길 것으로 짐작된다.

물 타지 않은 14도 백걸리,
얼음 타서 마시면 더 부드러워

백걸리는 우리 술의 대중화와 세계화를 동시에 꿈꾸는 백종원 대표의 오랜 고민과 정성 끝에 개발된 제품이다. 그의 고향인 예산쌀을 사용해 3번의 담금 과정을 거쳐 만든 삼양주다. 안정적으로 효모를 증식시킨 밑술에, 고두밥과 누룩을 넣고(1차 덧술), 한 번 더 고두밥을 넣는 과정(2차 덧술)을 반복하는 방식이다. 발효 과정에서 세 번 술을 담그는 것이 삼양주이다, 한 번은 단양주, 두 번 빚으면 이양주라고 한다.

백걸리가 사용하는 누룩은 무엇일까? 전통누룩과 개량누룩을 혼합해서 사용한다고 한다. 백술도가 김영준 점장은 "여러 누룩이 갖고 있는 특성들을 잘 살려서 다채로운 풍미를 만들어내기 위해서"라고 말했다. 쌀이 주원료인 막걸리는 곡물에서 비롯되는 자연의 단맛이 특징이다. 그러나 고두밥으로 바뀐 쌀이 발효를 거치면서 사과, 바나나, 요거트 같

백술도가 김영준 점장이 백걸리 제조 과정과 제품, 마시는 방법 등에 대해 설명하고 있다.

은 과일향들이 나타나는 경우가 적지 않다. 결국, 어떤 누룩을 쓰느냐가 발효를 결정짓는 만큼, 백걸리 역시 오랜 고민 끝에 다양한 향을 최대한 살리기 위해, 여러 누룩을 혼합해서 사용하기로 한 것이다. 백술도가에 서는 백걸리에 사용하는 누룩도 소량포장해서 판매하고 있다. 김 점장은 "집에서 막걸리를 담가볼 목적으로 누룩을 사가는 손님들이 더러 있다."고 말했다.

이제 '백걸리 완전정복'에 돌입할 때다. 백걸리는 350ml 유리병 라벨에 알코올 도수 14도라는 숫자와 함께 '얼음을 타서 마시는 막걸리'라고 적혀 있다. 일반 막걸리 알코올 도수가 6도인 점을 감안하면, 두 배이상 높은 도수다. 발효과정이 끝난 막걸리 원주(물타지 않은 원액)는 보통 알코올 도수가 15~16도다. 따라서 백걸리는 거의 물을 타지 않고 원주상태로 병입한 셈이다. 벌컥벌컥 마실 수 있는 도수가 결코 아니다. 물론 아스파탐 같은 인공감미료는 전혀 사용하지 않았다.

일반 막걸리는 발효가 끝난 원주에, 그보다 두세 배 많은 물을 타서 알코올 도수를 6도로 만든다. 알코올 6도는 도수가 4~5도인 맥주보다 약간 높은 수준으로, 흔히 벌컥벌컥 마실 수 있는 알코올 농도라고 할 수 있다. 그러나 물을 많이 탄 막걸리는 고급스러운 이미지가 전혀 없고, 시간이 지남에 따라 병입 발효(탄산이 생기는 현상)가 진행돼 병뚜껑이 터질 우려도 있다. 반면에 막걸리 도수를 높게 할 경우에는 생산단가(물을 덜 타기 때문)가 올라가, 소비자로부터 가격 저항에 부닥칠 우려가 높다. 그럼, 백걸리는 왜 14도로 했을까? 백 대표는 이렇게 답했다.

"알코올 도수를 낮추려고 물 타기가 싫었어요. 집에서 술을 개발할 때도 물을 타지 않고 원주 상태로 마셨습니다. '독한 막걸리 마시고 취하면 되지, 왜 물을 타나?' 싶었지요. 옛날 전통문헌에 나오는 전통 막걸리는 지금으로 치면 알코올 도수가 10~12도 정도 되는 걸로 알아요. 그런데 일제 강점기를 거치면서 도수가 많이 내려갔다는 이야기가 있습니다. 얼마나 정확한 얘기인지는 몰라도, 굳이 도수를 낮출 필요가 없다고 생각했습니다.

그리고 도수가 낮으면 낮을수록 유통에도 문제가 있어요. 알코올 도수 6도 정도로는 장기간 유통이 어렵지요. 하지만 도수가 높은 술은 변질 우려가 크게 줄어듭니다. 알코올 도수가 높은 술이 맛도 좋고 유통에도 용이하다면 전통주 시장 개척에도 도움이 되지 않을까, 싶었어요. 하지만 실제 14도의 백걸리를 마셔본 사람들 중 '어, 이 술 맛이 괜찮네'라는 반응이 많아요. '도수 높은 막걸리'에 대한 인식이 점차 좋아질 것으로 봅니다. 백걸리처럼 도수 높은 막걸리의 저변 확대는 전통주 양조에 새로 뛰어드는 분들에게도 도움이 될 수 있을 거예요."

그렇다면 전문가는 백걸리를 어떻게 평가했을까? 이런 궁금증이 생길 만하다. 우리나라 최고의 전통주 전문가인 경기도농업기술원 이대형 박사가 보내준 백걸리 시음평을 소개한다.

색/ 균질도	색은 진한 노란색을 띠고 있으면서 어두운 회색도 많이 보인다. 농도가 걸쭉하고 제성은 곱지 않고 거칠며, 누룩에서 나온 밀껍질이 떠다니는 것이 아쉽다. 균질도만 보면 쌀 사용량이 많다는 것을 알 수 있다.
향	초반에 곡물의 향과 누룩향이 느껴지고 단향이 느껴진다. 중간 이후에 알코올향과 매운 향이 있다. 14%의 알코올 때문인 듯하고 마지막에 약한 바닐라향이 있다. 시간이 지나고 나서 다시 향을 맡으면, 마지막에 발효취나 아세톤향이 느껴진다. 사람들에게 이취로 느껴질 수 있을 듯하다.
맛	첫 혀에서 단맛이 느껴지면서 새콤함이 있다. 이후에 바로 쓴맛이 느껴지고 알코올이 강하게 느껴진다. 이 알코올이 마지막까지 강하게 느껴진다. 혀에 남는 거친 감이 있고 탄닌과 같은 텁텁함도 있다. 단맛이 단순하고 신맛이 약해서 조화롭기는 하지만, 술지게미량에 비해 단맛은 적다.
후미 (진향)	마지막까지 누룩과 알코올의 쓴맛, 단맛, 신맛이 느껴진다. 강한 맛의 음식과 어울릴 듯하다. 목넘김은 매우 무겁다.
종합적 평가	첫 향에서 느껴지는 누룩이나 이취향이 있다. 첫 단맛이나 신맛은 나쁘지 않으나 강한 알코올로 인해 맛과 향이 묻히는 경향이 있다. 하지만 15일 이상 충분히 숙성시켜서 마셨을 때는 단맛도 많이 올라오고, 생산 초기에 비해 향도 바닐라향과 메론향이 많이 나오는 형태로 맛이 좋아진다. 백걸리는 바로 마시는 것보다 숙성을 시켜서 마시기를 추천한다.
기타 코멘트	얼음을 넣어서 마실 것을 추천했는데, 그 방식대로 마시면 그나마 약하게 있던 좋은 향들이 죽고, 오히려 알코올이 강하게 느껴지고 맛에서도 쓴맛이 더 느껴진다.

이대형 박사의 백걸리 시음기는 '드라이'하다. 냉정하다. 칭찬 일색이 절대 아니다. 후한 평가는 향이다. "15일 이상 숙성시킨 다음에 마셨을 때는 바닐라, 메론향 등이 많이 나온다."고 했다. 그래서 "구입 후 곧바로 마시지 말고, 숙성시켜(냉장고에 일주일 정도 보관) 마시기를 권한다."고 했다. '얼음 타서 마시기'도 권하지 않는다. "백걸리가 갖고 있는 좋은 향들이 얼음 때문에 사라지고 쓴맛이 더 도드라진다."는 이유다.

이런 평가들에 대해 백종원 대표 자신은 어떻게 생각할까? 우선 백 대표 본인은 백걸리의 향과 맛에 대해 어떻게 평가하는지 궁금했다. 그런데 웬걸? '노 코멘트'란다.

"특별히 언급하고 싶지 않습니다. 방송을 통해 이름이 많이 알려진 나 같은 사람이 '내가 만든 술에는 바나나향, 야쿠르트향이 난다'고 얘기하면 사람들이 이 술을 마실 때, 선입견을 가질 수밖에 없어요. 그리고 얼음을 타서 마시라고 권하는데, 얼음을 타지 않았을 때와 얼음이나 물을 타서 마실 때 느끼는 향이 달라질 수밖에 없지요. 또 사서 바로 마시는 경우, 냉장고에 일주일 혹은 이주일 두었다가 마시는 등 맛과 향의 차이를 느낄 수 있는 '경우의 수'는 셀 수가 없습니다. 나는 술을 만들었을 뿐, 이 술을 어떻게 느끼는지는 소비자들의 전적인 자유입니다."

'우문현답'이 아닐 수 없다. 그래도 질세라 몇 가지 더 백걸리에 대해 질문을 던졌다. 백걸리는 제성이 곱지 않아 혀에 닿는 거친감, 탄닌 같은 텁텁함도 있다. 그렇게 한 이유를 물었다.

"와인 얘기를 먼저 하고 싶어요. 좋은 레드와인은 적당한 무게감과, 기분 좋은 탄닌이 느껴집니다. 개인적으로는 말벡 품종(아르헨티나 고유 포도품종)을 좋아합니다. 카베르네 쇼비뇽도 좋아하는데, 다소 바디감이 묵직한 와인을 좋아해요.

막걸리도 얼마든지 묵직한 느낌을 줄 수 있다고 생각해요. 그래서 제성을 다소 거칠게 해서 탄닌 같은 텁텁함을 느끼도록 했습니다. 하지만 냉장고에 2~3주 정도 숙성을 하면 목넘김은 부드러워지는 반면, 텁텁함은 줄어들지요. 와인은 숙성을 오래하더라도, 특유의 탄닌감이 없어지지 않고 맛이 더 단단해지는데, 막걸리는 숙성을 어느 정도 하느냐에 따라 다양한 향과 맛을 즐길 수 있습니다."

얼음 질문도 빼놓지 않았다. "얼음을 넣어 마실 것을 추천했는데, 그럴 경우 목넘김이 부드럽기는 하지만, 곡물향들이 사라지는 아쉬움이 있다."고. 백 대표는 한심한 듯 필자를 쳐다봤다.

"그런 지적은 전문가들이나 하는 얘기죠. 나는 전문가들을 염두에 두고 백걸리를 만든 게 아니에요. 저렴한 6도짜리 막걸리를 즐겨 마시는 일반 소비자들에게 '막걸리의 신세계'를 느껴보시라고 백걸리를 만들었습니다. 6도 막걸리 마시는 분이 갑자기 14도 막걸리 마시기는 부담스럽지 않겠어요? 그래서 얼음이나 물을 좀 타서 마실 것을 권한 겁니다. 우선 목넘김이 훨씬 부드러워지지 않을까요?"

외식업과 전통술의 동반 해외진출,
큰 그림 그리기에서 실행까지

'백걸리 알아보기'는 이쯤에서 끝내야 할 듯했다. 더 얘기했다가는 인터뷰를 도중에 끝낼 우려마저 있었기 때문이다. 그래서 전통주 일반에 관한 이야기를 한참 주고받았다. 요리 연구가가 음식이 아닌 전통술에 관심을 갖게 된 계기가 궁금했다.

"음식과 술은 '따로'가 아니에요. 음식을 연구하다 보니 자연스럽게 술에 관심을 갖게 됐죠. 음식 하는 사람들은 중국, 일본, 홍콩 등지를 벤치마킹하러 많이 다닙니다. 그 나라의 술도 알아야 하니까, 현지 술도 많이 마시게 되죠.

외국 술이 부러웠어요. 일본에는 사케뿐 아니라 소주 종류가 엄청 납니다. '일본 사람들은 이렇게 다양한 소주를 마시는데, 왜 우리는 희석식소주 한 종류만 늘 마시지?' 궁금하기도 했죠.

그런데 알고 보니까, 조선시대까지만 해도 우리나라에는 가양주 문화가 번성해서 막걸리 같은 발효주뿐 아니라, 지역 특유의 소주 종류도 엄청났다는 거예요. 그런데 일제 강점기를 거치면서 가양주 문화가 단절되는 바람에 우리 술의 다양성이 사라졌다는 것도 나중에 알게 됐어요. '우리도 술 종류가 일본만큼 많았는데, 이런 술 문화가 일제에 의해 강제로 끊어졌구나' 안타까운 마음이 들었습니다.

그래서 우리 술을 찾아서 마셔보자는 생각까지 이르렀어요. 그러다가 우리 술을 배워보자고 생각했죠. 막걸리를 좋아했던 시절에는 지역

양조장에서 만드는 막걸리만 줄곧 마셨는데, 이제는 '전통주가 뭐가 있지' 하는 생각에 막걸리를 포함해 다양한 전통주를 찾아 마시고, 널리 알리는 단계까지 왔습니다."

지금은 종영됐지만, '백종원의 골목식당'이 엄청 인기를 끌었다. 장사가 안 되는 동네 식당을 백종원 대표가 직접 찾아가, 손님이 찾아오지 않는 이유를 분석해주고, 메뉴 개발 등 해법을 찾아준다는 공익적 내용을 담았다. 백 대표는 대전의 골목식당을 촬영하다가 박유덕 대표를 만나게 된다. 백걸리 개발의 계기가 바로 박유덕 사장과의 만남이다. 그는 그 당시를 이렇게 회고했다.

"골목식당 방송 프로그램을 통해 박유덕 사장을 만났어요. 박 사장은 골목식당 대전 편에 출연한 분인데, 내가 이런저런 컨설팅을 해서 '골목막걸리'를 새로 개발하게 됐고 지금은 시장 반응이 꽤 좋습니다. 젊은 사장인데도 불구하고, 술에 관한 한 이론적인, 과학적인 접근을 해온 사람이지요. 가령, 술을 빚을 때, 전통문헌에 쌀을 100번 씻어야 한다면, 박 사장은 '쌀을 왜 100번 씻어야 하는가? 사람 손이 아닌 기계로 할 수는 없는가?' 이런 고민을 수도 없이 하는 사람입니다.

박유덕 사장을 만나면서 이런저런 도움을 내가 주기도 했지만, 반대로 내가 막걸리에 대해 새롭게 눈을 뜨는 기회도 됐어요. '전통주를 이렇게 바라볼 수도 있겠구나' 하는 전통주에 대한 새로운 시각을 내게 주기도 했어요."

골목식당 프로그램에서 박유덕 사장에게 어떤 조언을 했는지도 물어봤다.

"골목식당 방송 프로그램에서 박유덕 사장을 만나, 이런저런 조언을 할 때 전통주 업계로부터 욕을 먹기도 했어요. 박 사장은 젊은 나이에도 전통누룩을 써서 전통 방법으로 막걸리를 만들고 싶어 했습니다. 그런데 장사가 워낙 안 돼서 나에게 도움 요청을 한 것이었죠.

그때 내가 준 솔루션(해결책)은 '전통 방식대로 술을 만들기에는 아직 이르다. 지금 막걸리를 즐겨 마시는 사람들이 어떤 스타일의 막걸리를 마시는지 알아보고, 그 비슷한 술을 먼저 만들라'는 거였어요. 그래서 지역의 저렴한 막걸리를 여럿 갖다놓고 테이스팅도 여러 번 같이 했지요. 그때 맛본 대부분의 지역 막걸리들은 아스파탐 같은 감미료를 넣었고, 가격은 저렴한 술들이었습니다. 이런 달짝지근한 술들이 인기가 있었어요. 그래서 이런 술부터 시작하자고 권한 것이죠.

'박 사장 같은 좋은 생각(전통누룩을 사용해 정직하게 술을 빚겠다는 생각)을 가진 사람은 살아남아야 돼. 그러기 위해서는 우선 어느 정도 시장과 타협할 줄도 알아야 돼' 이런 얘기를 방송에서 해줬어요. '전통술을 현대적인 방식으로 만들고 싶다는 생각은 당연히 좋지만, 우선은 현대인이 좋아할 만한 술을 만들어 사업을 점차 키워나가는 게 좋겠다'고 조언한 것입니다. '일단은 개량화된 것, 필요하면 감미료도 좀 들어간 술을 먼저 내놓고, 어느 정도 사업에 탄력이 붙으면 그때 가서 정말 만들고 싶었던 술을 만들면 된다'는 게 내 생각이었죠. 그런데 전통주 하는 분들이 이 방송을 보고 지탄을 했습니다. '(백종원 대표는) 전통주를 살리겠다는 사람을 찾아가, 개량화된 누룩인 입국(일본식 공장화된 누룩)을 전통누룩 대신 권하고, 왜 시장과 타협하라고 하느냐'는 지적이었지요.

당시 내 생각은 이랬습니다. 전통술을 만들겠다는 박유덕 사장의 포부는 높이 평가하지만, 당장은 사업을 계속 이어가는 것이 중요하니까, 어느 정도 사업이 본 궤도에 오를 때까지는 시장 친화적인 술을 만들라고 조언한 건데, 마치 전통술에 반대되는 조언을 한 것처럼 양조장 분들이 오해를 하신 거죠.

결국은 박 사장이 내 조언대로 골목막걸리를 만들었고, 시장 반응도 좋아요. 그때 방송을 떠나서 개인적으로도 지원을 많이 해줬고, 그래서 굉장히 좋은 관계를 유지하고 있습니다. 그러던 차에 이번에는 내가 양조장을 하게 됐고, '이번에는 박 사장이 나를 도와달라'고 요청했어요. 양조장 기계화를 도와달라고 했죠. 그래서 '백걸리'라는 공동 작품이 탄생하게 된 것입니다."

'백걸리의 공동 개발자'인 골목양조장 박유덕 사장은 2022년 5월, '골목막걸리 12도'를 새로 출시했다. 이전에 백종원 대표와 협업해 만든 '골목막걸리 6도'는 아스파탐이라는 감미료를 넣었지만 '골목막걸리 12도'는 첨가물을 넣지 않은 생막걸리다. 가격도 알코올 도수 14도의 백걸리와 비슷하다. 박유덕 사장이 백걸리 개발에 참여한 동시에 자신의 골목막걸리도 프리미엄 버전(골목막걸리 12도)으로 새로 내놓은 것이다.

백종원 대표는 백걸리 개발에 즈음해, 2021년부터 다양한 방송 프로그램을 통해 전통술 알리기에 적극 나서고 있다. 전통술과 어울리는 우리 음식을 소개하거나, 전국의 양조장을 직접 찾아가 전통술 제조 과정을 소개하는 프로그램도 만든 바 있다. 지금은 '원소주'로 유명해진 가수 박재범과 술을 마시면서, 전통술로 얘기꽃을 피우는 프로그램을 진행하기도 했다.

그래서 그에게 물었다. 음식 연구가로서 전통주 업계를 어떻게 보는지?

"좋은 전통주는 이미 굉장히 많아요. 하지만 아직 제대로 알려져 있지 않은 게 안타깝습니다. 방송을 하면서 해외를 여러 번 나가봤는데, 영국의 위스키, 멕시코의 데킬라, 일본의 사케 등 세계적으로 유명한 외국 술이 얼마나 많아요? 그런데 우리 전통술의 세계화 수준은 아직 후한 점수를 주기 어려운 게 사실입니다.

안을 들여다보면 해외에서 호평 받을 전통술이 정말 많은데, 아직 그 진가가 해외에서 잘 알려져 있지 않아 안타깝다고 생각합니다. 심지어 국내에서도 제대로 평가받고 있는 술들이 드물 정도로 홍보가 덜 돼 있어요.

하지만 한편으론 이런 암울한 현실이 오히려 기회라고 여깁니다. 앞으로 우리가 하기에 따라서는 얼마든지, 국내와 해외에서 우리 술이 제대로 평가받을 가능성은 무궁무진하다고 봅니다. 특히 해외에 우리 전통술을 알리는 데 제가 기여를 하고 싶어요."

이쯤 되면 백종원 대표는 백걸리에만 만족하지 않을 게 거의 확실하다. 전통술 종류가 얼마나 많은가? 막걸리는 그중 하나일 뿐이다. 특히, 수출을 염두에 둔다면 막걸리보다는 증류주가 답이다. 증류주는 부가가치가 높을 뿐 아니라, 유통기한이 거의 무한정이라, 소요 기간이 많이 걸리는 수출에 적합한 주종이다.

"증류식 소주에 관심이 많아요. 지역 농산물 판매에도 도움이 될 수 있도록 지역의 특산물을 활용해서 다양한 소주를 만들고 싶습니다. 일본이나 중국에는 좋은 소주가 많아요. 우리나라도 마찬가지입니다. 가령, 전남 해남은 고구마가 유명한데, 고구마 소주가 딱이죠. 밀감 과육을 넣은 발효주를 증류한 소주 '미상'을 만드는 시트러스라는 회사가 제주도에 있어요. 알코올 도수 25도의 소주인데, 개발 과정에 조언을 해준 적이 있어요. 나중에 이런 다양한 원료를 활용한 소주를 개발하여 해외 시장을 두드려보고 싶습니다."

백종원의 시선은 이미 국내에 머물러 있지 않다. 아직 이렇다 할 큰 성과는 내지 못했지만, 그의 본업인 외식업의 해외진출 경험도 꽤 축적돼 있다. 이제 외식업과 전통술의 동반 해외진출이라는 큰 그림을, 그는 이미 그려놓고 차곡차곡 실행해가고 있다. 성공 가능성도 높지만, 성공이 그 혼자만의 것은 아닐 것이다. 제2, 제3, 수많은 '백종원'이 해외를 누빌 초석이 되리라 기대해 본다.

서울 사당역 인근의 백술도가 내부 모습. 규모가 크지는 않다.

오미나라 이종기 대표는 1990년 두산씨그램 차장 시절,
1년 예정으로 영국 스코틀랜드 헤리엇와트대학교 Heriot Watt University 의
양조학 석사과정을 밟았다. 25개국에서 온 학생 40여 명이 동기생.
학기 도중에 담당교수 제의로, 각 나라에서 가져온 술을 맛보는 이벤트가 열렸다.
일본 학생이 가져온 사케는 호평을 받았지만,
한국의 이종기 대표가 선보인 인삼주는 혹평을 받았다. 인삼주 맛을 본 교수는
"한국에선 술과 약을 구분하지 않나 보지?"라는 농담을 할 정도였다.
한국의 인삼주는 약인지 술인지 잘 구별이 안 된다는 뼈아픈 지적이었다.
수모를 당한 이종기 대표는 절치부심했다.
"오냐. 내가 한국에 돌아가면 반드시 세계명주를 만들겠다."고.
20여 년이 지난 뒤 그가 만든 명주가 '오미로제 결'이다.
세계 최초로 오미자로 만든 스파클링 와인이다.

오미나라 이종기 대표 인터뷰에서

part 3

해외로
뻗어나가는
한국술

제품명, 제조장	**오미로제 결(12도)** 오미나라
색상, 질감	오미자색 붉은 장미색 연한 루비색
향	로즈베리향 오미자향
맛	상큼한 신맛과 깔끔한 탄산. 오미자 5가지 맛의 조화. 단 술 시장에서 달지 않은 샴페인 방식의 술. 한국적인 재료로 만든 스파클링 와인.

오미로제 결 12도

위스키 윈저, 골든블루 등을 만든 국내 최고의 증류주 전문가 이종기 대표가 오미
자 집산지인 문경에 오미나라 양조장을 차리고 처음으로 만든 오미자 스파클링 와
인이다. 신맛이 강해 발효가 어려운 오미자를 3년 이상 연구 끝에 발효시키는 데 성
공했다. 탱크에서 6개월 발효, 또 일 년간 탱크 숙성, 그리고 15개월 동안 병 발효하
는 등 정통 샴페인 스타일로 만들었다. 최근 바이든 미국 대통령 방한 때 정부가 공
식 건배주로 정한 술이기도 하다. 1, 2차 탱크숙성해 제조기간을 3년(오미로제 결)
에서 1년으로 줄인 제품이 오미로제 연이다. 가격은 절반 수준. 둘 다 상큼한 신맛이
일품이다.

_오미나라 이종기 대표

오미나라 양조장은 경상북도 문경에 있다. 중부내륙고속도로를 달리다 문경새재IC에서 내려 차로 5분 정도 더 가면 양조장에 도착한다. 조선시대, 한양과 영남을 잇는 중요 관문이었던 문경새재에 조금 못미쳐 양조장이 자리하고 있다. 영남 인재들은 과거를 치르기 위해 문경새재를 넘어 한양으로 갔다. 서울로 갈 수 있는 길인 추풍령과 죽령도 주변에 있었지만, 호남지방 유생들까지 길을 우회해 문경새재를 통해 한양로 입성하는 경우가 많았다고 한다. 추풍령을 이용하면 추풍낙엽처럼 떨어지고, 죽령으로 가면 죽죽 미끄러진다는 속설 때문이라고 한다. 그러나 임진왜란 당시 왜군의 공격에 속절없이 무너진 곳이 문경새재이기도 하다.

국가 공식 만찬주,
귀하디귀한 '오미로제 결'

2022년 5월, 윤석열 대통령 취임 직후 이루어진 미국 바이든 대통령의 방한으로 수혜를 입은 품목 중 하나가 '오미로제 결'이다. 세계 최초로 오미자로 만든 스파클링 와인인 오미로제 결이 바이든 방한 당시 공식 만찬주로 선정된 것이다. 오미자는 단맛, 짠맛, 신맛, 쓴맛, 매운맛의 다섯 가지 맛이 나는 과일열매로, 한국이 원산지다. 예로부터 강장제로 쓰였다는 기록이 동의보감에도 나와 있다.

이 소식이 알려지자마자 오미로제 결은 곧바로 품절됐으며, 오미로 제 결을 생산하는 양조장 오미나라는 홈페이지에 "3년간의 숙성과 정성을 담아 정통 샴페인 방식으로 만드는 '오미로제 결'이 일시 품절됐으며, 대신 오미로제 결의 풍미를 그대로 살린 '오미로제 연'을 10% 할인 판매한다."고 고지했다.

실제로 2022년 6월, 오미나라를 방문해 보니, '오미로제 결'은 씨가 말라 시음도 할 수 없었으며, 세컨드 브랜드인 '오미로제 연'만 판매하고 있었다. 오미로제 숙성 창고에는 '오미로제 연' 수천 병이 출시를 앞두고 마지막 숙성 시간을 보내고 있었다.

그럼 '오미로제 결'은 어디에? 2차 병 발효 후 리들링(병 안의 찌꺼기를 병 입구로 모으기 위해 병을 거꾸로 세워두고 가끔씩 병을 돌려주는 작업) 중인 '오미로제 결'을 꽤 많이 볼 수 있었으나 출시는 가을쯤에야 가능하다고 했다. 이미 2012년 서울에서 열린 핵안보 정상회의 만찬주로 선정된 바 있었던 오미로제 결은 샴페인의 본고장인 프랑스에 수출됐을 정도로 해외에서도 그 명성을 떨치고 있다.

그런데 제품이 없어 팔지 못하는 상황이 되다니! '오미나라 결'을 만드는 오미나라 양조장은 어떻게 생산관리를 했길래, 지속적인 제품 생산과 판매는 기업경영에서 기본 중에 기본이 아닌가?

이런 질문에 이종기 오미나라 대표는 이렇게 생산의 어려움을 털어놓았다.

"오미로제 결은 발효와 숙성에만 3년이 걸리는 술인 데다, 발효과정 자체가 워낙 까다로운 술이라, 항상 재고가 부족한 편이에요."

여기에 술 품질이 완벽하지 않으면 세상에 결코 내보내지 않겠다는 이 대표의 고집도 한몫했다.

"오미로제 결을 다 만들어놓고도 막판에 버린 술이 3만 병 가까이 돼요."

탄산이 다소 부족하거나, 색상에 조금이라도 흠이 있으면 가차없이 불합격 판정을 받는다고 한다. 이 대표로부터 '불합격' 판정을 받은 '오미로제 결'은 오미자 농축액으로 만들거나 아예 내버린다고 했다.

세계 최초의 오미자 스파클링 와인, 오미로제

|

'오미로제 결'은 2010년에 출시된 세계 최초의 오미자 스파클링 와인이다. '오미로제 연'은 10년 뒤인 2020년에 나온 후속 제품이다. '오미로제 결'은 2010년 세상에 처음 나왔을 당시에는 그냥 '오미로제'라 칭했으며 2020년 열 살 어린 '오미로제 연'이 출시되면서 '오미로제 결'로 이름을 바꾸었다. 값이 두 배 비싼 '오미로제 결'은 공식적인 행사나 선물로 잘 나가고, 값이 상대적으로 착한 '오미로제 연'은 부담 없는 모임에 잘 어울린다는 얘기가 있으나, 주머니 사정에 따라 고르는 것이 답이다.

'오미로제 결'과 '오미로제 연'은 같은 듯 다른 스파클링 와인이다. 우선, 오미로제 결은 프랑스 샹파뉴의 샴페인 제조방식으로 36개월에 걸쳐 만든다. 반면에, 고압탱크발효 공법(샤르마 공법)을 사용하는 '오미로제 연'은 1년 만에 술이 완성된다. 알코올 도수도 12도(오미로제 결)와 8도(오미로제 연)로 꽤 차이가 난다.

제조 방법을 좀 더 자세히 살펴보자. 먼저 오미로제 결은 문경산 유기농 오미자를 착즙해 6개월 동안 탱크에 넣어 발효한다. 한 달이 걸리지 않는 일반 와인 발효기간보다 6~8배 긴 기간이다. 오미자에서 나는 신맛을 줄이고, 과일향, 허브향, 매콤한 향 등 '오미(다섯가지 맛)'를 고스란히 느끼도록 하기 위해서다. 1차 발효된 와인은 12개월 동안 오크통에서 숙성한다. 이게 끝이 아니다. 그 다음은 샴페인 병에 담아 15개월 동안 2차 병 발효 및 숙성, 그리고 찌꺼기를 모아 제거하는 '디스고징'을 거친다. 그 후에 또 3개월을 병에서 숙성하면 로제 색깔의 '오미로제 결'이 완성된다.

오미로제 연의 제조 방법은 훨씬 간단하다. 오미로제 연은 1, 2차 발효를 모두 스테인리스 탱크에서 진행하기 때문에 발효 및 숙성기간을 종전의 3년(오미로제 결)에서 1년으로 단축시켰다. 2차 발효를 탱크에서 진행하는 것을 '샤르마 공법'이라고 한다. 샤르마 공법으로 만드는 스파클링 와인은 이탈리아의 프로세코를 비롯해 글로벌 와인시장에서는 흔하지만, 한국에서는 매우 드문 사례다. 가격은 오미로제 결이 두 배 정도 비싸다. '오미로제 결'은 9만 원대 후반, '오미로제 연'은 4만 원대다.

그럼, 두 와인의 맛의 차이는 어느 정도일까? 발효와 숙성기간이 훨씬 짧은 오미로제 연이 오미로제 결에 비해 품질이 많이 떨어지는 것은 아닐까? 이런 의문이 기우에 불과하다는 건, 국내 최고의 한국 와인 소믈리에인 최정욱와인연구소 최정욱 소장의 평가를 읽어보면 금방 알 수 있다.

"전문 소믈리에라 하더라도, 오미로제 결과 오미로제 연을 구분하기가 쉽지 않다. 샤르마 방식으로 만든 오미로제 연과 트레디셔널 방식(프랑스 샴페인 제조방식)으로 만든 오미로제 결이 제조방식에 다소 차이가 있지만, 연은 쉽게 만들고 결은 어렵게 만들었다? 이렇게 쉽게 얘기하긴 어렵기 때문이다. 샤르마 방식이지만, 트레디셔널 방식을 많은 부문 차용했고, 그로 인해 당도의 미세한 차이 외에 버블(거품)과 질감의 차이로 오미로제 연과 결을 구분하기는 쉽지 않다.

자주 하는 얘기지만, 오미로제의 전 제품은 오미자 특유의 산미가 좋은 와인들이라, 평소 국물 요리와 매칭하기 어려운 와인의 특성을 넘어서는 와인이라고 얘기할 수 있다. 나는 오미로제 와인들을 톰양쿵(태국 전통 국물요리)과 매칭해서 자주 마시는 편이다."

한마디로 오미로제 연이 오미로제 결 못지않다는 평가다. 이 술을 만든 이종기 대표 역시 "오미로제 연은 2차 발효(숙성) 기간이 오미로제 결보다는 짧기 때문에 깊은 맛은 덜하지만, 상큼한 맛은 오히려 더하다."고 말했다.

고재윤 한국국제소믈리에협회장의 평가는 다소 드라이하다. "오미로제 연은 오미자, 복숭아, 진달래 꽃향이 좋으며, 다섯가지(오미) 풍미와 가벼운 탄산의 터치가 좋으나, 여운(잔향)까지 견디는 파워가 다소 아쉽다. 그러나 무엇보다 가격이 착해 누구나 부담없이 마실 수 있는 장점을 갖고 있다."

2030 세대들의 평가도 후하다. "오미로제 연은 결에 비해 후레쉬해요. 그래서 샐러드나 빵, 치즈, 생선 같은 가벼운 음식과 잘 어울려요." '오미로제 결'에 비해 알코올 도수가 4도 낮은 '오미로제 연'은, 술이 약한 여성들에게 특히 반응이 좋다. "진한 오미자향과 상쾌한 탄산이 어우러져, 젊은 입맛을 제대로 저격했다."는 반응이 대부분이다.

2020년 5월에 세상에 나와, 출시 2년을 맞은 '오미로제 연'은 와인 시장에서 승승장구를 이어가고 있다. 한국 와인으로는 드물게 일 년만에 1만 병 이상 팔렸으며, 각종 품평회에서도 '최고의 한국 와인'으로 평가받고 있다. 2021년 조선비즈가 주최한 대한민국주류대상에서 오미로제 연은 대상(한국 와인 부문)을 받았으며 한국와인생산자협회가 소믈리에 협회에 의뢰한 조사(한국 와인)에서도 1위를 거머쥐었다.

새로 나온 동생 '오미로제 연'이 인기를 끌자, '오미로제 결'도 덩달아 전년 대비 30%씩 신장하고 있다. 이종기 대표는 "10만 원이나 하는 오미로제 결은 그동안 가격 부담 때문에 마실 엄두를 못내던 소비자들이 4만 원대의 오미로제 연을 마셔보고, 만족해 '오미로제 결'도 마셔보자'는 경우가 늘고 있다."고 말했다.

오미로제
맛과 알코올 도수의 비밀

|

오미자는 신맛, 단맛, 쓴맛 등 다섯 가지 맛이 난다 하여 오미자란 이름이 붙었지만 그중에서 신맛이 도드라진다. 이종기 대표가 당초 오미자를 이용해 스파클링 와인을 만들 작정을 하고도 오랜 기간 개발에 성공하지 못한 이유가 오미자의 강한 신맛 때문에 술 발효가 제대로 되지 않아서이다. 설사 발효가 된다 하더라도 너무 신맛이 강해 음용성이 떨어지기 일쑤였다. 여러 차례 시제품을 맛본 필자 역시 상품성에는 고개를 저은 적이 많았다. 이종기 대표는 오랜 시행착오 끝에 숙성 공법을 통

해, 오미자 신맛을 낮추는 데 성공했다. 그에게 신맛을 줄일 수 있었던 해법을 말해줄 수 있느냐고 물었다. 흔쾌히 생산 기밀을 털어놓았다.

"부담스러운 신맛을 기분 좋은 신맛으로 바꾸는 기술이 숙성이에요. 오랜 숙성이 해법이죠. 신맛은 종류가 굉장히 많은데, 그중에서 사람들이 가장 강하게 느끼는 신맛이 능금산, 식초산입니다. 사과산이라고도 하는 능금산$^{Malic Acid}$은 덜 익은 사과에서 나는 강한 신맛을 말해요. 풋사과를 한입 베어물면 삼키고 싶지 않고 뱉어내 버리고 싶을 정도로 시잖아요. 능금산은 사과, 오미자, 포도 등에 어느 정도 섞여 있어요. 능금산은 젖산균에 의해서 젖산이 됩니다. 젖산은 부드러운 신맛으로 거부감이 없죠.

오미자 와인은 오랜 숙성을 통해 능금산이 젖산으로 바뀌어, 사람들이 마실 때 '기분 좋은 신맛'을 느끼게 합니다. 오미자가 갖고 있는 신맛 자체가 없어지는 것이 아니라, 숙성을 통해 입에 거슬리는 능금산이 젖산으로 바뀌어 신맛이 부드러워지는 것이죠.

숙성은 와인에서는 '2차 발효'라고도 합니다. 또는 '젖산화'라고도 하죠. 이 과정은 오미자 와인뿐 아니라 포도와인 과정에서도 굉장히 중요합니다. 포도와인 중에서도 저렴한 와인 중에는 맛이 거칠고, 톡 쏘는 듯한 맛이 도드라지는 경우가 많은데, 이런 경우가 젖산화가 덜 된 와인이에요. 반면에 젖산화가 잘된 좋은 와인은 입안에서 마치 크림 바른 것처럼 미끈미끈합니다. 우유를 마시듯, 혹은 실크처럼 부드럽다고 느끼죠."

그가 만든 오미자 스파클링에서 부드러운 신맛이 나는 것이 숙성, 2차 발효 덕분이라는 설명이다. 발효를 거의 3년이나 하는 '오미로제 결'이나 고압 탱크발효로 발효기간을 1년으로 줄인 '오미로제 연' 모두 정성스런 숙성 덕분에 기분 좋은 신맛을 느낄 수 있다.

내친 김에 이종기 대표에게 '오미로제 연 알코올 도수를 왜 8도로 했는지'도 물어봤다.

"전 세계에서 가장 많이 팔리는 스파클링 와인의 알코올 도수가 5.5도입니다. 프랑스 샴페인은 12도가 표준이지만, 다른 나라들은 그렇지 않아요. 프랑스 외 지역의 스파클링 와인으로 유명한 게 스페인의 까바, 독일의 젝트, 이탈리아 스푸만테 등인데, 이 중에서 가장 많이 팔리는 건 스푸만테입니다. 스푸만테는 5.5도가 가장 많아요. 사실 맥주와 비슷한 도수죠. 그런데 맥주 원료인 홉에서 나오는 쓴맛을 싫어하는 사람들이 많아요. 그런 점에서 비슷한 도수인 스푸만테가 쓴맛이 없으면서도 더 청량해서 많이 팔립니다. 그래서 처음에는 오미로제 연 도수를 10도로 생각했다가 대중성을 고려해서, 8도로 낮춘 겁니다."

사실, 양조장 입장에서 알코올 도수 낮추기는 너무 쉽다. 적당하게 물을 타면 되기 때문이다. 하지만 '물맛'이 도드라지면 안 되기 때문에 알코올 도수를 조절한 이후에도 적절한 안정화 기간을 반드시 거쳐야 한다. 또 요즘은 술을 취하려고 마시기보다는 즐기기 위해 마시는 경우가 많다는 측면에서도 '오미로제 연 8도'는 최근 음주 트렌드를 제대로 반영한 술이라는 생각이 든다.

숙성과 블렌딩 기술이
미래의 대안

문경 오미나라가 오미자 와인만 만드는 것은 아니다. 사실 이종기 대표는 우리나라 최고의 증류주 전문가다. 국내 위스키 1, 2위를 오르내리는 윈저, 골든블루가 모두 그가 만든 술이다. 이뿐 아니다. 섬씽스페셜, 패스포트, 씨그램진 등이 모두 그의 코와 혀를 거쳐 세상에 처음 나왔다. 1980년 서울대 농화학과를 졸업한 그는 40년 넘게 '술 빚기'에 전념하고 있다.

이 대표가 만든 국산 증류주로는 고운달, 문경바람 등이 있다. 고운달은 원료가 오미자, 문경바람은 사과 증류주다. 고운달은 한 병에 30만

오미자 와인을 증류한 고운달.
사진처럼 항아리에 숙성해 색이 맑고 투명한 제품과 오크통에서 숙성한 2가지 제품이 있다.

원이 넘는, 국내에서 가장 비싼 증류주다. 문경바람은 오미나라의 효자 상품으로 매년 수백 톤의 사과를 문경 인근 농가에서 수매해서 만든다. 오미나라와 기술협약을 맺고, 위스키업체 골든블루가 판매하고 있는 사과 증류주 '혼(22도)' 역시 이종기 대표의 작품이다. 다국적 주류회사에서 위스키를 개발하는 데 젊은 시절을 다 보낸 이 대표이지만, 디아지오코리아 부사장을 끝으로 '외국 술 만들기'를 그만두고, 자신의 양조장 사업을 시작한 이후부터는 100% 국산 농산물로 스파클링 와인과 다양한 증류주를 만들고 있다.

현재 오미나라 양조장에서 가장 잘 팔리는 건 사과증류주인 문경바람이다. 사과는 보관성이 나쁘지 않은 과일이긴 하지만, 생산량이 소비량보다 많기 때문에 술 빚는 데 사과가 사용되는 것은 국내 과수농가 입장에서도 매우 고무적이다.

문경바람은 항아리 숙성제품과 오크 숙성, 두 종류가 있다. 사과 본연의 향을 느끼고 싶다면 항아리 제품이 낫고, 오크향이 좋다면 오크가 답이다. 문경바람 오크에서는 사과향을 거의 느낄 수 없다. 쌀소주를 오크통에 숙성하면, 곡물 특유의 향을 느끼기 어려운 것과 마찬가지다. 이종기 대표는 문경바람에 대한 자부심이 대단했다. 사실 이 대표는 오미로제 같은 와인 전문가라기보다는 30년 이상 위스키를 만들어온 증류주 전문가다.

"프랑스의 사과 증류주인 칼바도스가 문경바람보다 가격은 비싸지만, 품질은 문경바람이 전혀 뒤지지 않는다고 생각해요. 사과 증류주 칼

바도스는 실제로 사과향은 거의 없고, 숙성 때 사용하는 오크향만 있죠. 그런데 문경바람은 사과향이 향긋하게 나요. 칼바도스는 오크통 숙성에서 오는 부케향이 도드라지는 반면, 문경바람은 부케향과 더불어 원재료인 사과에서 오는 아로마향도 느낄 수 있어요.

또 사과 자체가 유럽산보다 국내 사과가 훨씬 향긋해요. 하지만 국내 사과는 발효주(사과와인)로는 적합하지 않은데, 신맛, 즉 산도가 낮기 때문이에요. 유럽 사과는 산도, 탄닌 등이 높아 사이다(시드러, 사과와인)로 만들기 적합하죠. 유럽산 사과는 대개 노란 사과로, 푸석푸석해 우리 입맛에는 좀 떨어져요. 그리고 사워 품종은 엄청 시어서 먹지 못할 정도고요. 그리고 떫은 비터 품종도 있어요. 칼바도스는 노란 스위트 사과, 사워 품종, 비트 품종 등 3종류의 사과와 배를 혼합해 만든 거예요. 반면에 한국 사과 품종인 후지 등은 신맛이 약해 와인으로는 적합하지 않지만, 증류주를 만들기에는 향이 강해 좋아요."

이종기 대표는 사과 증류주 문경바람 외에 문경산 사과로 만드는 프리미엄 보드카 개발도 속도를 내고 있다. 위스키 업체인 디아지오코리아 시절, 스미노프 보드카를 개발, 연간 10만 상자 이상 일본에 수출한 경험이 있는 그가, 이번에는 사과를 원료로 한 보드카를 개발 중이다. 스미노프 생산 당시의 생산장비도 최근 들여놓았다. 보드카는 자작나무 숯으로 여과(필터링)과정을 거쳐야 한다. 여과를 하면 증류주가 본래 갖고 있던 색상과 향 등이 사라진다. 그래서 보드카는 칵테일 베이스로 주로 쓰인다.

이밖에 오미자 증류주, 사과 증류주를 블렌딩한 제품을 만들어, 고운달의 40% 가격대에 내놓을 생각도 하고 있다. 자신의 특기인 블렌딩 기술을 최대한 발휘할 생각이다. 앞으로 해외 수출 비중을 높일 제품으로도, 오미로제보다는 사과 증류주, 사과 보드카 등 증류주를 염두에 두고 있다.

이종기 대표는 최근 증류주협회 초대회장을 맡아 동분서주하고 있다.

"일제 잔재인 희석식소주가 차지하고 있는 '소주 시장'을 상당 부분, 증류주가 되찾아와야 해요. 조선시대 증류주(소주)는 고급 술의 대명사였어요. 지역 특산 증류주도 종가세(가격 기준 세금 부과)가 아닌 종량세(부피 기준 세금 부과)를 적용한다면, 우리농산물로 조금 더 고급술을 만들 수 있을 겁니다. 지역특산주 증류주는 100% 우리 농산물을 사용하고 있어, '국산 농산물 소비 촉진'이라는 지역특산주 취지에도 맞아요."

이종기 대표가 "국산 농산물을 원료로 써서, 세계 술시장에 내놓을 명주를 만들겠다."고 고향도 아닌 경북 문경에 양조장을 차린 지 10여 년이 지났다. 매출이 나름 순항을 하고는 있지만, 누적 기준 흑자를 보려면 아직 10년은 더 있어야 한다고 말한다. 이제 그의 나이도 60대 중반을 넘어섰다.

그는 한국 증류주 산업의 발전 가능성을 숙성과 블렌딩 기술로 보고 있다.

"첫째, 숙성에 더 공을 들여야 합니다. 증류하자마자 병입해서 시장에 내놓는 제품들이 너무 많아요. 숙성에 많은 시간과 공을 들여야 해외에서도 인정받는 프리미엄 술이 만들어집니다. 그리고 블렌딩 제품이 많이 나와야 해요. 블렌딩이 활발해지면 전국 각지의 좋은 농산물 소비가 고루 촉진되죠. 우리의 경우는 사과도 있고, 오미자도 있어 사과 증류주와 오미자 증류주를 블렌딩할 수 있는데, 타 지역에 또 다른 좋은 특산물이 있다면 그것으로도 증류주를 만들어 블렌딩할 수 있을 거예요. 앞으로 한국의 지역특산주 문화가 증류주 부문에서는 블렌딩이 중요한 역할을 담당해야 한다고 봅니다."

이종기 대표의 말대로 '숙성'과 '블렌딩'에 공을 들인 한국술들이 더 많이 세상에 나오기를 기다린다.

제품명, 제조장	**화요(25도)** 화요
색상, 질감	맑고 투명
향	은은한 곡물향 담백, 깔끔
맛	깔끔한 목넘김을 강조하고 편하게 마실 수 있는 증류주. 특정 향이 도드라지지 않는다. 하이볼 등 칵테일로 마시기 좋은 술.

화요 25도

국내 양조장에 감압증류방식 붐을 일으킨 주역이다. 경기도 여주에 있는 양조장 화요에서 만든다. 증류과정에서 부득이 생기는 탄내를 줄이기 위해 낮은 온도에서도 알코올이 끓도록 한 감압증류방식을 채택했다. 덕분에 탄내는 거의 느낄 수 없고, 향과 맛이 담백하다. 곡물 특유의 향이 강하지 않아 토닉 워터, 레몬 등을 곁들여 하이볼 같은 칵테일을 만드는 데도 제격이다. 국내 증류주 시장은 화요 이전과 이후로 나누어 얘기할 정도로 화요가 전통 증류주 시장에 미친 공이 크다. 하지만 화요는 주세법상 전통주 대우를 받지 못해 세금 감면, 인터넷 판매 등의 혜택은 받지 못하고 있다.

화요 문세희 대표는 진로의 생산담당 이사를 지낸 국내 대표적인 증류주 전문가다.

화요 공장은 경기도 여주에 있다. 모기업인 광주요가 있는 이천과도 가깝다. 화요 공장은 국내 1위의 주류회사도 부러워할 최첨단 스마트공장 시스템을 갖춘 공장이다. 예컨데 화요 술이 숙성되는 모든 술 항아리에는 QR 코드가 부착돼 있어 재료의 특성, 발효 시기 등 술 이력을 모두 알 수 있다. 이뿐 아니다. 생산 자동화는 기본, AI에 의한 소비자 판매현황까지 데이터화해서, 판매 내역이 생산과 제품 개발까지 연계되도록 돼 있다.

한국술,
세계로 나가다

2005년, 세상에 처음 나온 화요가 수출에 탄력이 붙기 시작한 것은 출시 15년이 지난 2020년 프랑스에 화요X.Premium을 수출할 때부터라고 할 수 있다. 그 이전에도 미국을 비롯해 여러 나라에 수출 실적이 없었던 것은 아니지만, 수출 물량이 많지 않았고, 그마저도 물량이 꾸준히 나가지도 못했다. 화요의 공동 대표이사 겸 창업자인 조태권 회장은 2005년, 화요 출시 직후 "(화요를) 글로벌 프리미엄 술 시장에 내놓을 술로 키워나가겠다."고 장담했지만, 그 말을 실현하는 데 근 15년이 걸린 셈이다. 하기야 화요가 국내 시장에서 인기를 끌기 시작한 것도 2012~

2013년쯤이니, 수출이 특별히 더 늦었다고 할 수도 없다.

화요는 2020년 프랑스에 화요X.Premium(XP) 5,000병(500ml 기준)을 첫 수출한 데 이어 이듬해인 2021년에는 2배인 1만 병, 2022년에는 그 2배인 2만 병을 수출했다. 프랑스에서만 매출이 4배 늘었다. 덕분에 화요XP의 전체 수출은 2021 대비 2배가 늘었다.

화요XP는 화요 제품 중 유일하게 오크통 숙성을 거치는 최고급 술로, 술 전체가 프리미엄 증류주인 화요 중에서도 가장 가격이 높다. 프랑스의 화요XP 수출 비화를 문세희 대표는 이렇게 털어놓았다.

"프랑스로 가는 수출선박에 화요XP를 실은 것은 2020년이지만, 프랑스 측으로부터 수출 타진 의사를 받은 것은 그로부터 2~3년 전이었어요. 그런데 한 가지 문제가 있었지요. 프랑스가 속해 있는 EU(유럽연합)의 위스키 규정이었어요. 당시 EU에서는 맥아(몰트)를 사용하지 않은 증류주는 위스키로 인정하지 않고 있었습니다. 화요는 XP를 비롯한 모든 제품이 맥아가 아닌 쌀을 원료로 만든 증류주이기 때문에 '위스키'라는 이름을 제품에 붙일 수 없었어요. 그런데 프랑스는 증류주 중에 위스키 시장이 워낙 크기 때문에 화요XP가 위스키로 인정받지 못하면 현지 판매에 어려움이 예상돼, 수출을 보류하고 있었지요. 그러다가 2020년에 EU의 위스키 규정이 바뀌었어요. 맥아가 아닌 다른 원료로 만든 증류주도 3년 숙성을 거칠 경우, '위스키'로 인정받게 된 거죠. 그래서 화요XP도 '싱글 라이스 위스키'라는 이름(술 종류)을 붙여 프랑스에 수출을 할 수 있었고, 매년 2배씩 수출 물량이 늘고 있어요. 화요XP의 유럽 진출은 위스키의 본고장인 유럽에 한국 농산물을 원료로, 한국 기술로 생산된 위스키를 본격 수출한다는 데 큰 의미가 있습니다."

문세희 대표는 진로의 생산 담당 이사로 있다가,
2003년부터 화요의 생산 책임을 맡았고, 2020년에
는 화요 창업자인 조태권 회장과 공동 대표이사
로 승진했다.

현재 화요는 프랑스 수출을 발판으로 삼
아, 미국, 캐나다 등 22개국에 수출한다.
국내 프리미엄 증류주 시장을 활짝 연
주역인 화요가 '한국술의 세계화'에
도 앞장서고 있다.

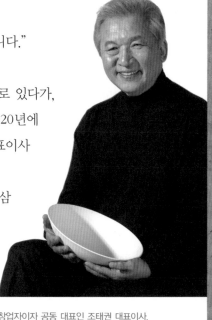

화요 창업자이자 공동 대표인 조태권 대표이사.

소비자의 기호를 만족시킨 증류주,
화요

그렇다면 화요 수출의 선봉장 화요XP는 어떤 술인가? 100% 국내산 쌀
을 원료로 화요만의 발효기술과 증류공법으로 제조한 증류원액을 오크
통에서 장기간(보통 3년 이상 숙성) 숙성시킨 최고급 목통주다. 화요가 사용
하고 있는 목통은 오크통을 말하는 것으로 전량 수입한다. 화요XP의 알
코올 도수는 41도로, 밝고 선명한 황금빛 색상을 띠며, 원숙하고 부드러
운 주질을 갖고 있다는 게 화요 측의 설명이다. 어떤 첨가물도 가미하지
않고, 숙성원액만으로 제조해 목넘김이 부드럽고, 뒤끝이 깔끔한 것이

특징이다. 쌀이 갖는 곡물 특유의 향을 갖고 있으면서 오랜 숙성에서 비롯된 오크향이 더해져, 프리미엄 위스키 이상의 향과 맛, 그리고 색상을 자랑한다.

화요는 출시 직후 여러 국제주류품평회에서 호평을 받은 데 이어 국내 대표적인 주류품평회인 대한민국주류대상에서 한 해도 빠지지 않고 대상을 수상하는 등 국내외에서 품질을 인정받고 있다. '시장의 인기'와 '전문가의 호평'이라는 '두 마리 토끼'를 다 잡은 셈이다.

화요의 수상 경력을 구체적으로 살펴보면, 2007년 영국 런던에서 열린 국제주류품평회^{IWSC} 동상을 받은 데 이어, 2008년에는 몽드셀렉션에서도 금상을 수상했다. 다만, 최근 들어서는 국제주류품평회 수상 소식이 전해지지 않는데, 이는 출품 자체를 하지 않기 때문이라고 한다.

경기도 여주의 화요공장은 국내 주류업체 최초로 스마트공장 시스템을 갖추었다. 숙성용 항아리마다 부착돼 있는 QR코드를 스캔하면 술 재료, 발효 및 증류 날짜 등 각종 정보를 한번에 알 수 있다.

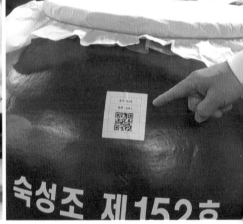

화요 문세희 대표는 "국제주류품평회에 참가하는 이유는 화요 술의 객관적인 평가를 받기 위함인데, 한 번 수상한 국제품평회에는 다시 참여하지 않고 있다."고 말했다.

화요 술은 어떤 맛과 향을 갖고 있길래, 국내외에서 오랫동안 호평을 받을 수 있을까? 이에 대해 화요 문세희 대표는 "증류식 소주도 얼마든지 순하고 깔끔한 맛을 낼 수 있다는 것을 화요가 처음 보여줬다."고 말했다. 흔히 '증류식 소주는 탄내가 나고, 맛이 독해 마시기가 부담스럽다'는 선입견을 여지없이 깬 최초의 증류식 소주가 바로 화요라는 설명이다. 문 대표의 얘기를 조금 더 들어보자.

"주류는 기호식품입니다. 사람 몸에 꼭 필요한 영양소가 들어있는 것은 아니지만, 독특한 향기와 맛이 있어 사람들이 좋아하는 기호 식품은 품질과 소비자 만족도, 이 두 가지가 제일 중요한 요소죠. 화요는 우리나라 증류식 소주 중 가장 소비자의 기호에 만족을 주는 술이라고 생각합니다. 우리는 화요를 만들면서 항상 일정한 품질과 소비자의 기호에 맞도록 제조공정을 과학화해 발효와 증류, 숙성 공정에서 온도, 시간 등을 표준화하고 위생적인 환경에서 만들어요. 이렇게 제조된 화요가 소비자들의 개성화되고 고급화되는 추세와 어우러져 좋은 평가를 받는다고 봅니다."

소비자 호응은 곧바로 화요의 매출로 나타났다. 2019년 213억원이던 화요 연간 매출은 2121년 360억, 2022년에는 500억 원이 넘을 것으로 예상된다. 코로나 초기에는 주점 등의 매출 감소로 판매가 둔화되기도 했으나, 홈술·혼술 음주문화 확산으로 고급술에 대한 소비가 늘어나, 화요 매출은 연간 신장률이 30%를 상회하고 있다. 문세희 대표는 "코로나가 가져다준 홈술·혼술 문화가 코로나가 잠잠해진 이후에도 이어져, 프리미엄 술인 화요가 코로나 혜택을 톡톡히 보고 있다."고 말했다.

감압증류방식으로
탄내 없이 깔끔하게

그렇다면, 화요 술은 어떻게 만들길래 증류식 소주인데도 탄내가 안 나고 깔끔하다는 평가 일색일까? 그에 앞서 증류식 소주는 대개 왜 탄내가 날까?

증류주는 발효주를 증류해서 만드는 술이다. 가령, 쌀을 원료로 막걸리, 약주를 만들어 이를 증류하면 증류주, 소주가 나온다. 발효가 끝난 막걸리 원주의 알코올 도수는 15도 안팎이다. 이를 증류하면 45도 내외의 증류주가 나온다. 증류 기술은 알코올과 물의 비등점의 차이를 이용한다. 알코올은 78도 정도에서 끓고, 물은 100도에서 끓는다. 그래서 물과 알코올이 섞인 막걸리를 증류하면 물보다 알코올 성분이 먼저 끓는데, 이때 기화한 알코올을 냉각수로 식혀 액체로 받아낸 것이 증류주다. 그런데 증류 온도가 거의 100도 가까이 되며, 알코올 외에 비슷한 온도에서 나오는 술의 미세성분들이 많다. 이중에 탄내의 원인이 되는 푸르푸랄furfural 같은 미세성분이 많이 생긴다. 우리의 전통적인 증류기술인 소줏고리 방식으로 술을 내리면 이런 탄내가 날 가능성이 높다. 소줏

경기도 여주에 있는 화요공장의 감압증류설비. 국내 증류주 르네상스를 이끈 '증류주 메카' 다.

고리 증류방식인 상압증류는 대기의 압력과 동일한 압력 상태에서의 증류를 말하는 것으로, 상압증류를 하면, 술이 갖고 있는 다양한 미세성분이 풍부해지는 반면, 탄내가 날 우려가 높다.

그래서 화요는 처음부터 상압증류방식이 아닌 감압증류방식을 택했다. 탄내가 안 나고 깔끔한 맛을 내기 위해서다. 감압증류는 증류기의 내부를 외부와 차단시켜 감압펌프를 이용해 증류기의 압력을 대기압 이하로 낮춰, 낮은 온도에서 증류를 시행하는 방법이다. 이렇게 하면 탄내의 원인이 되는 푸르푸랄 같은 물질이 거의 생기지 않아, 탄내 자체가 원천적으로 제거되는 효과가 있다. 다만, 증류주 특유의 다양하고 깊은 향은 기대하기 어렵다. 그래도 맛은 깔끔, 담백하다. 위스키, 브랜디 같은 세계적인 증류주는 상압증류가 많고, 일본의 증류주들은 감압방식이 대부분이다. 화요는 '감압증류방식은 우리 술의 맥을 끊어놓은 일본 방식'이란 비난을 예상하고서도, '기존의 증류주에서는 맛볼 수 없었던 깔끔한 맛'을 위해 과감하게 감압증류방식을 선택했다. 그러나 화요 이전에도 명인안동소주를 비롯해 일부 증류주 양조장들이 '소리 소문 없이' 감압방식으로 소주를 내리고 있었다.

상압과 감압의 차이에 대해, 화요가 택한 감압방식이 어떤 것인가에 대해 문세희 대표에게 자세한 설명을 부탁했다.

"쌀로 만든 증류주는 우선 발효주인 막걸리를 만들어요. 막걸리를 다시 열을 가해 내린 술이 증류주예요. 이때 증류를 상압식으로 하느냐, 감압식으로 하느냐에 따라 향과 맛에 차이가 생기죠. 흔히 '소줏고리'라고 알고 있는 전통 증류방법인 상압증류는 대기의 압력과 동일한 압력 상태에서 증류를 하는 것입니다. 반면에 감압증류는 감압펌프를 이용해 증류기의 압력을 대기압보다 훨씬 낮추어, 낮은 증류온도에서 증류를 하는 방법이지요.

상압증류는 대부분 섭씨 80~95도 이상에서 증류해, 고비점 화합물(높은 온도에서 생기는 미량 물질)의 함량이 높고, 열에 의한 반응물(탄내)의 생성이 많아요. 반면에 감압방식에서는 섭씨 40~50도 정도에서 미리 증류를 하기 때문에 탄내가 거의 나지 않고 맛이 부드럽고 담백합니다. 다만 상압증류에 비해 고비점 성분의 함량이 적어 다양한 향은 상압방식보다 못해요."

상압증류한 술은 일반적으로 향미가 농후한 반면, 감압 증류주는 다소 가볍지 않냐는 질문에 이렇게 답했다.

"술의 향미는 주성분인 에탄올이 결정하는 것이 아니고, 300여 종에 달하는 소량의 미량 성분들이 결정합니다. 상압과 감압증류의 본질적인 차이는 증류 온도죠. 고온으로 증류하는 상압증류는 이러한 미량 성분들이 저비점에서부터 고비점 성분까지 다양하게 나와요. 반면, 감압증류는 증류 온도가 낮기 때문에 고비점 성분이 적게 나와 상압증류 술은 향미가 농후하고 감압 술은 소프트, 즉 담백한 특징을 갖게 됩니다.

고비점 물질이 상대적으로 적다고 해서 감압 제품의 향이 상압보다 못하다고 볼 수는 없어요. 저비점 물질이 많아 오히려 술맛이 깨끗하다는 긍정적 반응도 많으니까요. 일반적으로는 알코올 도수가 높은 증류주의 개성이 도드라지는 술을 만들려면 상압을 선택하면 되고, 알코올 도수가 높음에도 불구하고 향과 맛이 부드러운 술을 만들려면 감압이 좋습니다."

문세희 대표는 개발 과정에서 화요 술을 상압증류방식으로도 만들어 보았다고 한다. 그러나 '감압방식 술이 더 낫다'는 소비자 반응이 훨씬 많아, 감압증류를 최종 선택했다고 한다. 감압증류는 이제 화요의 전유물이 아니다. 화요의 대성공 이후 감압증류를 선택하는 양조장들이 폭발적으로 늘고 있다. 최근 술의 메인 소비층 연령이 낮아지고, 여성 소비자가 증가하면서 감압증류주의 소프트하고 담백한 향과 맛을 선호하는 추세는 더욱 강해질 전망이다.

화요 술들은 증류 후에 6개월 정도 숙성을 거친다. 증류주치고는 숙성 기간이 짧은 편이다. 감압증류방식으로 술을 내리는 탓에, 증류원액이 거칠지 않아, 오랜 숙성을 필요로 하지 않기 때문이다. 증류 직후 음용하기 어려울 정도로 거친 술도, 대개 장기 숙성을 거치면 술이 부드러워진다. 위스키 중에 10년, 20년, 30년 등 오래될수록 맛이 부드럽다는 평을 듣는 것은 '숙성의 힘'이다. 그러나 감압증류를 택한 화요에는 장기 숙성 술이 별로 없다.

그래서 물었다. 장기 숙성하기 위한 증류주에는 상압이 유리하지 않냐고? 문세희 대표는 그러나, 동의하지 않았다.

"일반적으로 상압증류 제품을 장기 숙성하면 술 속의 많은 미량성분들이 알코올과 화학반응을 해서 술의 풍미가 다양해지죠. 하지만 감압증류 제품도 미량성분의 다양성은 적지만, 향기 성분과 관능 면에서 상압증류보다 못하다고 평가할 수는 없어요. 화요는 감압증류로 장기 숙성한 프리미엄 제품도 개발 중입니다. 2005년 처음 만든 화요 원액 일부는 지금까지 15년 이상 장기 숙성 중이에요. 오크통 숙성 술 같은 경우는 일부 제품은 50년 숙성도 생각하고 있고요.

현재 제품 중 숙성을 가장 오래하는 제품은 화요XP 제품이에요. 오크통에 숙성시킨 화요XP 제품은 5년 숙성을 거쳐 시장에 나옵니다. 현재 41도와 53도 제품은 3~6개월 숙성하고요."

현대식 전통주의
비상을 꿈꾸며

전통주 시장을 활짝 연 화요는 그러나, 전통주 대우를 받지 못한다. 주세법상 정한 전통주는 국가 지정 명인이 만들거나(민속주), 지역특산주 면허를 받아 만든 술만 전통주로 인정해, 감면 혜택과 함께 인터넷 판매도 허용한다. 그러나 화요는 명인이 만드는 술도 아니고, 지역특산주도 아니어서 희석식소주인 참이슬, 처음처럼과 똑같은 '소주'다. 그래서 화요는 온라인으로 살 수 없다. 화요 측은 줄기차게 정부를 향해 "증류식 소주에 대해 현행 종가세가 아닌 종량세로 세금 부과 방식을 바꿔달라."고 요구하고 있다. 가격에 대해 세금을 매기는 종가세가 아닌, 술 양에 따라 일률적으로 세금을 부과하는 종량세를 채택할 경우, 화요 같은 증류주는 가격이 30% 가량 내릴 수 있어 생산자, 소비자 모두 '윈윈'이 가능하다.

이제 국제 술시장에서 '명주'로 당당히 평가받는 우리 술이 나올 때도 됐다. 언제까지 '일본 때문에 전통술 맥이 끊어졌다'는 한탄만 할 것인가? 양조장들도 지금보다 더 노력해야겠지만, 정부 역시 꼭 해야 할 일을 손놓고 있어서는 안 된다. 화요, 그들의 눈은 이미 국내가 아닌 세계로 향해 있다.

제품명, 제조장	**기원(56.2도)** 쓰리소사이어티스
색상, 질감	진한 호박색
향	오크향, 초콜릿향
	후추향, 바닐라향
	토스트향, 가죽향
맛	술 뒤끝이 알싸한 느낌.
	알코올이 강하지 않고 단맛이 있고
	나무향 느낌이 있다.
	목넘김은 부드럽다.
	숙성 2년치고는 상대적으로 맛과 향이 좋음.

기원 유니콘 에디션 56.2도

경기도 남양주에 둥지를 튼 위스키 양조장 쓰리소사이어티스 제품이다. 2020년에 설립한 싱글몰트 위스키 증류소다. 위스키 이름 기원은 '시작'이란 의미와 '희망, 바람'의 두 가지 뜻을 담고 있다. 2021년 6월에 기원 호랑이 에디션이 나온 데 이어 2022년 9월에 유니콘 에디션이 출시됐다. 숙성 1년(호랑이 에디션), 2년(유니콘 에디션)밖에 안된 제품으로 시장의 평가는 그리 호의적이지 않았다. 쓰리소사이어티스 측은 "유니콘 에디션은 여름 과일의 산뜻함, 풍부한 오크향이 느껴지며, 맛은 복숭아의 달콤함 뒤에 알싸한 스파이스(약간 매운 맛)"라고 설명했다.

_쓰리소사이어티스 도정한 대표

쓰리소사이어티스 증류소는 남양주에 있다. 가구 공장을 비롯해 여러 크고 작은 공장 지대를 한참 꼬불꼬불 지나, 더 이상 오를 곳 없는 언덕배기에 자리하고 있다. 왜 남양주에 위스키 증류소를 지었을까? 쓰리소사이어티스 도정한 대표는 "증류소를 어디에 둘까를 놓고 전국을 돌아다녔고, 부산도 심각하게 고려했지만, 다른 지역과 비교해 여름엔 더 덥고, 겨울은 더 추운 남양주를 증류소 입지로 최종 선택했다."고 말했다. 최대 소비처인 서울과의 거리(서울 북동쪽으로 차로 40분 거리)도 고려했을 것이다.

국내 최초의
싱글몰트 위스키 '기원'

쓰리소사이어티스는 2020년 경기도 남양주에 설립된 한국 크래프트 싱글몰트 증류소이다. 2021년 쓰리소사이어티스에서는 '한국 최초의 싱글몰트 위스키'로 기록될 '기원'을 출시했다. 기원은 '시작'이란 의미와 '희망'이란 두 가지 뜻을 담고 있다. 한국 최초의 싱글몰트 위스키로 한국 위스키 역사의 새로운 '시작'을 알리는 신호탄이자, 세계적인 위스키로 인정을 받고자 하는 쓰리소사이어티스의 '바람'이 담긴 브랜드다.

2021년 6월에 '기원 호랑이 에디션'이 첫 제품으로 나왔고, 일 년

쓰리소사이어티스는 2,200여 개(2022년 11월 말 기준)의 오크통에 위스키를 숙성하고 있다.

후인 2022년 9월에는 두 번째 제품인 '유니콘 에디션'이 출시됐다. '에디션'이란 이름이 붙은 것은 한정 소량생산 제품이란 의미다. 1,506병이 생산된 '호랑이 에디션'은 국내에 할당된 600병이 조기 소진됐으며, '유니콘 에디션'은 증류소를 시작한 해인 2020년을 기념해 2,020병만 생산됐다. 이중 국내 판매분은 900병뿐이었다. 해외 수출물량이 더 많았다는 얘기다.

유니콘 에디션은 출시 전부터 국제무대에서 호평을 얻었다. 세계 3대 국제주류품평회의 하나인 샌프란시스코 국제주류품평회 싱글몰트 위스키 부문에서 이례적으로 20개월의 숙성만으로도 금상의 영예를 안았다. 지난해에 먼저 나온 '호랑이 에디션' 역시 국제주류품평회[IWSC]에서 동상을 수상했다.

위스키 이름은 기원인데, 여기에 호랑이, 유니콘 같은 이름이 덧붙은 것은 '쓰리소사이어티스'라는 회사 이름, 회사 문양과 관련이 깊다. 우선 이 증류소는 세(쓰리) 그룹(소사이어티스)의 구성원이 있다. 재미교포인 창립자 도정한 대표, 스코틀랜드에서 온 42년 경력의 마스터 디스틸러& 블렌더 앤드류 샌드, 그리고 한국인 직원들이 그들이다. 쓰리소사이어티스는 이들 전부를 칭하는 말이다. 그리고 한국(호랑이), 스코틀랜드(유니콘), 미국(독수리)을 상징하는 동물을 회사 문양에 같이 넣었다. 그래서 첫 제품이 '기원 호랑이 에디션', 그다음이 '기원 유니콘 에디션'이고 아직 나오지 않은 세 번째 제품명은 '기원 독수리 에디션'이 확실하다.

짧은 숙성 기간,
특유의 매운맛

가장 먼저 나온 싱글몰트 위스키 '호랑이 에디션'에 대한 시장의 평가는 그러나, 호의적이지 않다. 아니, 악평에 가까운 평가가 많다. "숙성 연수가 얼마 안 된 탓인지 맛이 거칠다.", "매운맛이 너무 강해서 즐기기 어렵다.", "200ml밖에 안 되는 양에 8만 원이라는 가격은 부담스럽다." 등등.

쓰리소사이어티스의 첫 제품인 '기원 호랑이 에디션'에 대한 비우호적인 평가는 어쩌면 예견된 일이었는지 모른다. 우선, 오크 숙성 기간이 너무 짧았다. 위스키는 증류 직후에는 투명한 무색으로, 향이 거칠어 음용감이 좋지 않다. 그러나 오크통에 몇 년 숙성을 거치면 색상도 호박색으로 바뀌고 오크향이 스며들면서 향도 부드러워진다. 그래서 스카치 위스키는 최소 3년 숙성을 거친다. 스카치 위스키 중 프리미엄급은 12년 이상 숙성한 제품들이다.

그런데 겨우 일 년 숙성이라니! 의욕이 너무 앞선 탓이었을까? 아니면 스코틀랜드와 기후 조건이 다른 한국에서는 '속성 숙성'이 가능하다고 본 까닭일까? 가령, 스코틀랜드에서 3년 숙성한 것과 한국에서 1년 숙성한 효과가 같다든지. 한국은 스코틀랜드보다 겨울에 더 춥고 여름은 더 더워 오크 나무의 수축과 이완이 스코틀랜드보다 더 왕성한 것은 사실이다.

기원 호랑이 에디션은 2020년 7월 7일에 증류해, 1년 2개월 후인 2021년 9월 3일에 병입했다. 뉴오크(한 번도 사용하지 않은 새 오크통)에 일 년 이상 숙성했으며 숙성 과정에서 물을 전혀 타지 않은 '캐스크 스트렝스'로 알코올 도수는 56.2도다. 일 년 남짓 숙성하는 동안 두 번의 여름을 거쳤다. 여름이 더운 한국에서 한 번의 '여름 숙성'은 거의 '스코틀랜드 일 년 숙성' 효과가 있다는 의견도 있다. 그런데 두 번의 한국 여름(2020년, 2021년)을 거쳤으니, '속성 숙성'의 효과를 어느 정도는 기대할 만했다.

두 번째로 나온 기원 유니콘 에디션은 2020년 7월 7일에 증류해, 약 2년 후인 2022년 4월 5일에 병입했다. 호랑이 에디션보다 가을, 겨울, 봄을 한 번 더 거쳤다. 쓰리소사이어티스 측은 "유니콘 에디션은 여름 과일의 산뜻함, 풍부하고 깊은 오크향이 느껴지며, 맛은 은은한 복숭아의 달콤함 뒤에 오는 알싸한 스파이스(약간 매운)"라고 밝혔다. 잔향(피니쉬) 역시 '풍부한 오크 스파이스의 여운'이라고 소개했다.

쓰리소사이어티스가 자사 위스키 기원을 소개하면서 반복적으로 사용한 단어인 스파이스^{spice}는 양념, 향신료를 의미하는 말이다. 마늘, 고추 같은 게 대표적인 향신료다. 쓰리소사이어티스의 첫 작품인 기원 호랑이 에디션은 '너무 맵다'는 소비자 평이 적지 않았지만, 이는 쓰리소사이어티스 측이 '의도한 맛'이다. 일부러 '약간 맵게' 만들었다. 그렇다면 쓰리소사이어티스는 한국에서 증류와 숙성을 거쳐 만든 기원 위스키를 왜 약간 매운맛이 나도록 만들었을까?

도 대표는 "한국의 특징이 돋보이는 위스키를 만들고 싶어서 약간 스파이시한 위스키를 만들고 있다."고 했다. 의도를 갖고 일부러 다소 매운 위스키를 만들었다는 설명이다. 한국 사람들은 김치를 필두로 대부분 스파이시한 음식을 즐기고 있기 때문에, 그런 음식들과 어울릴 술을 만든다는 것이다.

수제맥주에서
위스키 제조로

|

도정한 대표는 일찌기 수제맥주 창업자로 유명세를 탔다. 국내 수제맥주 시장의 '이슈 메이커'였다. 2014년 크래프트 맥주 회사인 '핸드 앤 몰트'를 만들었고, 수제맥주 시장에 '다크 호스'로 등장하여 '깻잎 맥주' 같은 국산 농산물이 들어간 맥주를 잇따라 선보였다. 그러다가 창업 4년 만인 2018년, 오비맥주의 모기업이자 세계 최대 맥주회사인 AB인베브에 핸드 앤 몰트를 매각했다.

이후 2년여 동안 준비를 한 끝에 '제2의 창업' 아이템으로 내놓은 것이 '싱글몰트 위스키 생산'이다. 잘 나가는 수제맥주 대표에서 한국 유일의 싱글몰트 위스키 대표로 변신한 것이다. 도 대표는 "일본이나 대만에서 생산한 위스키는 글로벌 위스키 시장에서 호평을 받고 있는데, 왜 한국에선 그런 제품이 없는지 항상 궁금했다."며 "수제맥주를 성공시킨 자신감을 바탕으로 위스키 증류소를 설립하게 됐다."고 말했다.

증류소 측의 안내를 받아 증류소 곳곳을 둘러봤다. 400평 증류소 부지엔 맥아(몰트)발효, 증류 설비를 갖춘 3층짜리 건물과 오크통 저장창고들이 우뚝 솟아 있었다. 위스키 생산량이 점차 많아짐에 따라 위스키 원액을 담고 있는 오크통을 보관할 숙성창고를 계속 추가로 짓고 있어 증류소는 활기가 넘쳤다.

증류소 건물 내부에는 위스키 원액을 만드는 구릿빛 증류기가 내뿜는 연기와 맥아 발효과정에서 나오는 특유의 향이 가득해, 수백년 전통을 자랑하는 스코틀랜드 증류소를 방문한 것이 아닌가 하는 착각이 들 정도였다.

위스키 원료인 맥아는 영국의 전문 업체로부터 직접 공수한다. 사용하는 몰트 이름은 '크리스프 몰트'다. 일반 맥주용 맥아와는 품종이 다르다. 도정한 대표의 설명이다.

"증류주용 몰트는 일반적으로 맥주용 몰트에 비해 질소 성분인 단백질 함량이 낮습니다. 질소의 함량은 보리 안의 단백질 함량에도 영향을 주고, 같은 양의 보리에서 만들어지는 당 함량과도 관련이 있어요. 단백질이 많을수록 그만큼 전분질(나중에 당으로 변함)이 적어, 당화 발효시 당의 총량이 적어지죠. 그래서 증류주용 몰트는 당 성분(나중에 알코올로 변

쓰리소사이어티스의 위스키 생산을 책임지고 있는 앤드류 샌드. 42년간 위스키 업계에서 일하고 있다.

함)이 많아야 좋고, 결과적으로 알코올 수율이 우선시되기 때문에 질소, 단백질 함량이 낮은 몰트를 사용합니다."

수입한 맥아는 분쇄 후 당화(맥아즙 생성)와 알코올발효 과정을 거친다. '매쉬 툰'이라는 거대한 기계에서 뜨거운 물로 맥아를 불려, 맥아즙을 만든다. 이때 만들어진 맥아즙은 발효조로 보낸다. 발효탱크에서 효모를 만난 맥아즙은 알코올(맥주 상태)로 바뀐다. 발효를 끝낸 후의 알코올 도수는 7~9도 정도다.

증류소를 안내한 앤드류 샌드 디스틸러&블렌더는 1980년부터 스코틀랜드에서 위스키 증류 일을 시작하여 42년간을 위스키 업계에 종사한 '세계 최정상급 디스틸러'이다. 스코틀랜드는 물론, 일본, 미국에서도 위스키 생산을 해왔다. 증류 전문가(디스틸러)이면서 마스터 블렌더(여러 가지 위스키 원액을 섞어 최상의 맛과 향을 내는 위스키를 만드는 전문가)로도 명성이 높다. 그는 "3년 전쯤에 미국 버지니아에서 일하고 있을 당시에, 도 대표가 '위스키 생산을 협의하고 싶다'고 메일을 보내와 여러 번 한국과 미국에서 만났다."고 말했다.

위스키 맛의 비밀,
증류 기술

이날 투어에서 인상적이었던 것은 역시 증류 부문이었다. 안내를 받아 올라간 공장 2층 한켠에 구릿빛 증류기 2대가 우뚝 서 있었다. 맥캘란을 비롯해 세계 정상급 몰트 위스키 회사들이 사용하고 있는 영국산 증류기다. 왼쪽이 1차 증류기(와시 증류기)로서, 발효를 끝낸 맥즙을 증류해 알코올 25도 안팎의 증류 원액을 만든다. 위스키가 되려면 이 정도 알코올 도수는 턱없이 모자란다. 다시 오른쪽 스피릿 증류기에서 2차 증류를 거쳐 74%의 알코올 도수까지 올라간다. 그러나 2차 증류를 거친 원액이라도 전량 위스키를 만드는 원료로 사용하지 않는다. 그중 일부만 오크통으로 옮겨져 오랫동안 숙성과정을 거쳐 위스키로 탄생한다.

　위스키를 비롯해 모든 증류주는 증류 과정에서 일부 원액은 우리 몸에 좋지 않은 성분이 있거나, 향이 고약하다는 이유로 아예 버리거나 재증류 과정을 거친다. 그렇다면 쓰리소사이어티스 증류소는 증류액(2차) 중 얼마를 사용하고, 또 얼마를 버릴까? 결론부터 얘기하면 증류액의

30%만 사용하고 나머지 70%는 재증류를 거쳐 그중 일부만 재사용한다. 앤드류 샌드의 설명을 들어보자.

"우리는 2차 증류 원액 중 약 30%만 실제 위스키 제조용으로 사용합니다. 우선, 알코올 도수가 74도까지 떨어지기 전에 나오는 초류(증류 초기에 나오는 원액으로, 전체 2차 증류의 2%)는 따로 **빼냅니다**. 그리고 알코올 도수가 74도에 도달해 70도까지 떨어질 때까지 나오는 본류(증류 중간에 나오는 원액)만 실제 제품용으로 사용합니다. 이는 2차 증류의 30%밖에 안 되죠. 그리고 나머지 전체 68%의 후류(증류 후반에 나오는 원액) 역시, 따로 빼내 처음 나온 초류와 섞어 70%의 원액은 재증류 과정을 거칩니다. 재증류 과정에서도 다시 본류 30%만 숙성용으로 채택됩니다."

증류원액을 제품에 많이 사용할수록 생산성은 올라간다. 그런데 2차 증류액 중 30%만 사용하다니? 도정한 대표에게 증류 원액 중 일부만 제품에 사용하는 이유를 물었다.

"맛 때문이에요. 후류를 많이 쓸수록 고린내가 많이 나서 상품성이 떨어집니다. 스코틀랜드에서도 생산 형태는 비슷해요. 초류는 버리고 본류 부분만 곧바로 사용하고, 후류 역시 재증류를 거치지요. 아직 숙성이 제대로 안 된 상태라 뭐가 정답인지는 알 수가 없지만, 품질을 '최우선 선택 기준'으로 삼고 있기 때문에 가장 좋은 부분만 사용하겠다는 것입니다. 생산효율을 높이기 위해 지금처럼 본류 30%가 아니라 두 배인 60%를 숙성시켰는데, 만약에 술맛이 잘못되면 술 전체를 망칠 수도 있

위 사진은 위스키 양조장의 상징인 2개의 증류기.
왼쪽이 와시 증류기(1차 증류), 오른쪽이 스피릿 증류기(2차 증류)다.
아래 사진은 증류 원액이 흘러나오는 모습으로 무색 투명하다.

지 않습니까. 더구나 한국 최초의 싱글몰트 위스키를 표방했는데, 품질이 최고가 아니라면 부끄러울 수밖에 없겠지요. 생산량은 다소 적더라도 '최고 품질의 제품'을 만들겠다는 것입니다."

1차, 2차 증류를 거친 위스키 원액은 맑고 투명하다. 우리 소주와 색깔이 똑같다. 흔히 알고 있는 호박색 위스키는 오랜 오크통 숙성에서 비롯된다. 때문에 우리 전통주도 증류 후 항아리나 스테인리스탱크가 아닌 오크통에 숙성하면 위스키와 같은 호박색의 술이 만들어진다. '고운달 오크', '마한 오크', '오크 숙성 안동진맥소주' 등 이미 출시된 제품도 여럿 있다.

위스키 증류소 견학 중 빼놓을 수 없는 곳이 위스키 숙성창고다. 현재 이곳에서는 2,200여 개의 오크통에 위스키가 숙성 중이다. 국내 소방법에 따르면, 70도 이상의 알코올 액체는 보관할 수 없도록 돼 있어 물을 조금 타서 69.5도 안팎으로 낮춘 위스키 원액을 숙성 중이다.

증류가 끝난 위스키 원액은 오크통에 담아 이곳에서 오랜 세월 잠을 잔다. 쓰리소사이어티스에는 오크통 숙성창고가 현재 두 곳이며, 세 번째 창고도 짓고 있다. 오크통은 추운 날씨에는 수축하고 더울 땐 팽창하면서 통 속의 증류 원액을 빨아들였다가 뱉어내기를 반복한다. 이 과정을 수도 없이 거치면서 오크(참나무)의 컬러와 다양한 향들이 위스키 원액에 스며든다. 쓰리소사이어티스의 앤드류 샌드 디스틸러(위스키 증류 전문가)는 "여름 날씨가 서늘한 스코틀랜드에서는 제대로 된 위스키를 만들려면 10년가량의 숙성이 필요하지만, 여름과 겨울의 기온 차이가 큰 한국은 숙성 기간을 4년으로 단축할 수 있다."고 말했다.

2020년 6월부터 증류를 시작한 쓰리소사이어티스가 사용하는 오크통은 크게 세 가지. 한 번도 사용하지 않은 새 오크통(미국 켄터키산), 미국 버번 위스키를 숙성시킨 중고 오크통, 그리고 스페인 셰리(스페인의 주정강화 와인)를 숙성시킨 중고 오크통. 이 중 가장 비싼 오크통은 셰리 오크통으로, 가장 싼 버번 오크통보다 네 배 비싸다. 오크통을 세 가지 종류로 쓰는 이유를 도정한 대표가 상세히 설명했다.

"같은 원액을 세 가지 성격이 다른 오크통에 숙성하는 이유는 다양한 스타일의 위스키를 출시하고 싶기 때문이에요. 버번 오크통 원액과 새 오크통 원액은 숙성 후 블렌딩을 할 겁니다. 피트향이 강한 몰트도 가져와 증류하고 있지요. 그렇게 되면 여러 스타일의 위스키 원액이 만들어지게 됩니다. 증류 전문가인 앤드류 샌드가 블렌딩도 담당해요. 같은 원액을 같은 타입의 오크통에 숙성시켰다고 해서 품질이 똑같지는 않아요. 그래서 위스키를 완성시키는 것은 블렌딩입니다. 그게 예술작품, 화룡점정(용을 그린 다음에 마지막으로 눈동자를 그린다는 뜻)이죠."

2020년 6월에 위스키 생산과 숙성을 시작한 쓰리소사이어티스는 일 년 뒤인 2021년에 첫 제품인 '기원 호랑이 에디션'을 내놓았다. 2020년 필자와 만났을 때 도정한 대표는 "빨라도 2023년은 돼야 쓰리소사이어티스의 첫 위스키가 나올 것"이라고 했지만, 실제로는 2년 빨리 제품을 내놓은 것이다. 앤드류 샌드 역시 "한국에서는 1년만 숙성해도 위스키로 인정하지만, 우리는 스카치위스키가 정한 3년 숙성을 지킬 것"이라고 말했었다. 하지만 그 말은 지켜지지 않았다. 숙성 일 년 만에 제품을 내놓았기 때문이다.

호랑이 에디션, 유니콘 에디션을 내놓은 쓰리소사이어티스는 생산량의 절반 이상을 해외로 수출하고 있다. 국내 할당된 600병이 다 팔린 호랑이 에디션의 경우, 국내 판매량보다 많은 900여 병을 미국, 싱가포르, 대만, 일본, 홍콩 등지에 수출했다. 두 번째로 나온 유니콘 에디션 역시 전체 생산량인 2,020병 중 국내에는 900병만 팔고 나머지 전량은 수출로 돌렸다. 아직 국내에서 기반을 잡기도 전인데, 수출물량을 더 많이 할당하는 것은 품질에 대한 자신감일까? 아니면 세금 탓일까? 도정한 대표의 대답이다.

"내수시장 출시와 동시에 수출하고 싶습니다. 우리가 만드는 위스키 품질에 자신이 있으니까요. 한국 비중이 높으면 세금(종가세)이 너무 많아 오히려 이익 측면에서 마이너스예요. 수출은 세금이 훨씬 낮지요."

외국은 위스키에 대해 종가세가 아닌 종량세를 채택한 나라가 많다. 위스키 제조원가에 비례해 세금이 매겨지는 종가세는 위스키 양에 따라 과세하는 종량세보다 생산자 입장에서는 부담이 크다.

2020년 생산을 시작한 쓰리소사이어티스는 한정 생산 제품인 기원 호랑이, 유니콘, 독수리 에디션 제품 출시 이후 숙성을 최소 3년 이상 시킨 정규 제품을 2023년 이후에 내놓을 것이다. 그때 가서는 소비자들의 평가가 지금과는 많이 달라질 것이다. 한국 최초의 싱글몰트 위스키 업체로 우뚝 설 쓰리소사이어티스의 앞날에 기대가 크다.

"무릇 술맛이 좋고 나쁨은 누룩을 잘 만드는가 여부에 달려 있다."
이 말은 1760년대 《증보산림경제》에 기록된 내용으로
누룩의 중요성을 잘 말해주고 있다.
술을 잘 빚는 사람도 누룩은 구매해서 사용하는데,
그 이유는 술보다 누룩을 만드는 것이 더 어렵기 때문이다.
술은 누룩이 있어야 제조할 수 있다.
그러나 좋은 술은 좋은 누룩을 만드는 사람만이 만들 수 있다.
술을 내가 원하는 대로, 누구도 따라올 수 없는 맛으로 만들려면
나만의 누룩 제조 방법을 갖고 있어야 한다.

류인수 한국가양주연구소 소장, 《한국 전통주 교과서》(출처)

part 4

내 누룩 없이
내 술 없다,
누룩 장인들

제품명, 제조장	**풍정사계 춘(15도)** 화양
색상, 질감	맑은 연노란빛, 연두빛 밝은 황금빛
향	사과향 조청향 과하지 않은 누룩향
맛	단맛과 신맛의 조화가 뛰어나다. 감칠맛, 조청 같다. 가양주 스타일의 스탠다드. 균형감이 좋다. 차갑게 마시는 것을 추천.

풍정사계 춘(春, 약주) 15도

충북 청주시 청원구 내수읍 풍정마을에 있는 양조장 화양이 빚는 약주다. 2017년 트럼프 대통령 방한 때 공식 건배주로도 선정된 술이다. 계절마다 이름을 붙인 4종의 술을 내놓고 있지만, 화양 이한상 대표는 봄술인 약주 춘 만드는 데만 꼬박 10년을 보냈다. 2006년에 술 공부를 시작, 2015년에야 풍정사계 춘을 세상에 내놓았다. 풍정사계 춘은 한마디로 고급 화이트와인 같은 술이다. 녹두가 들어간 누룩, 향온국으로 빚어 연한 골드빛이 감돈다. 술에 풍기는 향미 역시 오래 숙성된 화이트와인 못지않다. 누룩을 많이 넣었지만 역한 누룩 냄새는 전혀 없다. '내 누룩 없이는 내 술도 없다'는 이한상 대표가 자신이 만든 누룩술의 대표주자로 내세우는 술이 풍정사계 춘이다.

화양 이한상 대표는 일 년 동안 쓸 누룩을 여름철 한 번에 다 만든다.
자기 누룩을 완성하는 데 10년이 걸렸다.

246

풍정사계 춘은 예로부터 물맛 좋기로 유명한 충북 청주시 청원구 내수읍의 풍정마을에서 빚는다. 풍정은 '단풍나무 우물'이란 뜻이다. '풍정사계'란 이름에서 알 수 있듯이, 계절별로 맛과 향이 다른 네 가지 술에 춘(약주), 하(과하주), 추(탁주), 동(증류주) 이름을 붙였다. 브랜드 네이밍이 전통주 중에서 가장 잘된 경우라는 칭찬도 많이 받는다. 2021년 대통령상을 받은 풍정사계 춘은 봄술, 약주로 풍정사계 네 가지 술 중 가장 먼저 만든 술이며, 다른 술들의 모태가 되는 술이다.

풍정사계 네 가지 술을 빚는 양조장(술방) 이름은 '화양'이다. 1554년 어숙권이 만든 백과사전인 《고사촬요》에 나오는 '조화양지'의 준말이다. '어느 한쪽으로 치우치지 않아야 향기롭고 조화로운 술이 빚어진다'는 이한상 화양 대표의 술 철학이 술방 화양에 오롯이 담겨 있다.

대표적인 누룩술,
풍정사계

|

2021년 정부가 주관하는 우리술 품평회 최고상인 대통령상을 받은 '풍정사계 춘'은 전통주 마니아들 사이에서는 '누룩술'로 잘 알려진 약주다. 국내산 쌀과 물, 그리고 양조장 대표가 직접 만든 전통누룩으로 빚었다. 제조사인 화양 양조장의 이한상 대표 역시 "이번 대통령상 수상은 누룩

술에 대한 인정이라고 생각한다."고 말했을 정도로 누룩에 대한 애착이 크다. 평소 '내 누룩이 없으면 내 술도 없다'고 고집스레 말하던 그가 아니던가.

풍정사계 춘은 2017년 미국 트럼프 대통령 방한 때 청와대 만찬주로도 선정됐을 정도로 품질을 진작에 인정받은 술이다. 하지만 술을 즐기지 않는 트럼프 대통령은 정작 청와대가 준비한 풍정사계 춘 약주를 마시지 않고 콜라를 마셨다니, 웃고픈 얘기다.

풍정사계 술은 춘하추동 구분없이 한마디로 누룩술이다. 누룩이 아낌없이 들어간 술이다. 누룩 비중이 쌀 함유량의 10%에 달한다. 국내 전통술 중 누룩을 많이 쓰는 술 중 하나다.

하지만 누룩술은 최근의 전통술 트렌드와는 다소 거리가 있다. 새로 전통술 양조에 뛰어든 신세대 양조인들은 누룩취(누룩에서 나는 역한 냄새)를 없애기 위해 누룩 함유량을 줄이거나 아예 넣지 않고, 입국 사용을 늘리고 있다. 입국은 공장에서 대량 생산하는 누룩이다.

양조인들이 누룩을 꺼려하는 이유는 그들이 만드는 술의 주 소비층인 젊은이들이 누룩취를 싫어하기 때문이다. 누룩을 덜 넣으면 아무래도 누룩 냄새가 덜 난다. 하지만 전통누룩에 비해 입국은 발효력이 떨어지기 때문에 별도로 효모를 보충해 발효를 활성화시키는 경우가 많다.

이런 양조 트렌드를 가장 못마땅하게 생각하는 양조인이 풍정사계를 빚는 이한상 대표다. 명색이 전통주를 빚는다면, 내가 직접 만드는 누룩으로 술을 만들어야 한다고 주장한다. 그가 전통누룩에 대해 어떻게 생각하는지 잠시 들어보자.

"누룩은 단순한 발효제가 아니에요. 전통술의 전부나 마찬가지죠. 술맛을 풍성하게 하는 것은 원료인 쌀 덕분이기보다는 다양한 미생물이 들어있는 누룩을 쓰기 때문입니다.

하지만 한계는 분명히 있지요. 요즘 대부분의 양조장에서 누룩 대신 사용하는 입국은 과학화, 표준화돼 있어 대량생산이 가능합니다. 한 번에 몇 톤도 만들 수 있지요. 하지만 전통누룩은 기껏해야 100~200kg 정도 만들 수 있을 뿐입니다. 이러니 누룩을 쓰는 술은 대량생산 자체가 안 됩니다. 시중에서 많이 팔리는 막걸리들은 죄다 입국을 사용해요. 효용성을 최고의 가치로 치는 비즈니스 세계에서 보면, 입국을 쓰지 않고 누룩을 쓰는 것은 고속도로를 차로 이동하지 않고, 가마로 타고 가는 것이나 마찬가지예요. 하지만 전통술에 있어 누룩은 우리 조상의 혼이나 다름없는 것으로, 누룩 없는 술은 전통술이 아니라고 봅니다."

'누룩 예찬론자'인 이한상 대표는 정작 본인의 누룩을 갖는 데 10년이 걸렸다. 술 공부를 시작한 해는 2006년, 그리고 풍정사계 춘을 세상에 내놓은 게 2015년이다. 에누리 없이 꼬박 10년이 걸렸다. 그 사이에 주류 면허를 반납하기도 하는 등의 우여곡절을 겪었다. 대학에서 국문학을 전공한 그는 고향인 청주에서 사진관을 10여 년 운영하다, 전통술 빚기로 '제2의 인생'을 시작했다.

그간 그의 누룩 배우기 노력은 수도승의 그것과 다름없었다. 누룩을 빚어, 띄우는 모든 과정을 일일이 기록에 남기고, 또 새 누룩을 만들 때마다 전문가에게 자신이 만든 누룩을 보여줘 호된 지적을 받았다. 그러고 나서는 다음번 누룩을 만들 때 지적받은 부분을 고스란히 반영했다. 이런 과정을 수도 없이 반복했고, 수백 번의 시행착오 끝에 제대로 된 누룩으로 약주를 빚는 데 성공했다.

그 10년의 과정을 거쳐 2015년 풍정사계의 간판 술인 '춘' 약주가 탄생했다. '고급스런 화이트와인 같다'는 평가를 받은 춘은 청와대 만찬 행사를 비롯해 정부 주관 주요 행사에 단골 건배주로 선정됐다. 인터넷 판매 역시 수시로 품절될 정도로 반응이 좋다.

향온국으로 술 빚는
누룩술 장인의 누룩 예찬론

|

풍정사계의 이런 인기는 어디서 비롯되는 것일까? 청와대 만찬주 선정 효과일까? 우선, 풍정사계 춘에는 누룩이 많이 들어간 술맛에 배어 있는 누룩취가 없다. 그뿐 아니라 오래 숙성시킨 화이트와인에서 느낄 수 있는 깊은 풍미를 갖고 있다는 평가도 받는다. 이한상 대표는 "풍정사계에 들어가는 누룩에는 녹두가 10% 정도 들어있어 술이 연한 황금빛을 띤 다."고 말했다.

이 대표의 말대로 풍정사계에 들어가는 누룩은 밀 90%, 녹두 10% 로 만든다. 이를 '향온국'이라 한다. 양조장 이름을 따온 옛 문헌 고사촬 요에도 나오는 향온국을 근래 들어 직접 만들어 술 빚기에 처음 성공한 양조인이 이한상 대표다. 그러자 이곳저곳에서 '향온국이 뭐냐? 어떻게 만드느냐?'며 한때 향온국 붐이 일기도 했다.

이한상 대표로부터 향온국에 대한 설명을 더 들어보자. 그는 누룩

누룩은 잘 띄우는 것 이상으로 법제 과정이 중요하다. 다 띄운 누룩은 잘게 빻아서 햇볕에 잘 말려야 한다.

을 얘기하면서 풍정사계 밑술은 백설기 떡, 덧술은 고두밥으로 하는 이유도 같이 설명하고 있다.

"향온국은 밀과 녹두를 9대 1의 비율로 빚습니다. 녹두가 들어간 향온국으로 빚는 풍정사계 술(춘)은 다른 약주에 비해 더 황금빛을 띠지요. 아주 예민한 사람은 향온국으로 만든 술(풍정사계 춘)을 맛보고 녹두를 느끼는 사람들도 더러 있었습니다. 내가 만든 약주는 다른 사람이 만드는 약주에 비해 좀더 황금색을 띠어요. 잘 만든 화이트와인 색상과 비슷하죠. 환한 골드빛이 도는 색상이라고 할까요.
술맛도 부드러운 편입니다. 향이 강하지 않고, 전체적으로 맛이 좀 감미로운 것 같아요. 술의 향과 맛을 결정하는 것은 누룩만이라고 할 수 없고, 복합적이죠. 쌀에서 연유하는 향과 맛도 당연히 있어요. 이양주술 풍정사계를 만들 때 밑술을 고두밥을 찌지 않고 백설기 떡으로 하는 것도 술맛에 영향을 줍니다. 덧술은 찹쌀로 고두밥을 찝니다. 고두밥으로 하면 맛이 좀 강하고, 죽으로 하면 단맛이 도드라지는데. 떡은 그 중간 정도입니다.

달지 않고 부드러운 술을 만들기 위해 백설기를 밑술로 합니다. 고두밥으로 만든 술이 남성적이라면 백설기로 빚은 술은 여성적이죠. 그래도 죽으로 만든 술보다는 덜 여성적이에요. 남성적인 맛과 여성적인 맛의 중간 맛, 복합적인 맛을 내려고 합니다. 약간 쌉싸름한 맛도 나요. 부드러운 듯하면서도 살짝 찌르는 맛이 있어요. 끝 맛이 살짝 강하면서도 부드럽게 넘어가죠. 전체적으로는 부드럽다고 할 수 있지만 끝에 가서 톡 쏘는 강한 맛도 있어요."

이한상 대표의 술 모태는 '할머니 술'이다. 이 대표가 만든 풍정사계 춘에 할머니가 만든 술맛이 느껴진다고 그는 말한다. 그가 어릴 적에는 할머니가 집안 대소사에 늘 술을 빚었다고 한다. 그리고 술을 빚기 전 할머니는 직접 누룩도 만드셨다.

"누룩을 처음 접한 것은 어린 시절, 할머니가 술 빚기 전에 만든 누룩이었어요. 밀을 맷돌에 갈아서 누룩을 만드셨죠. 반죽을 한 밀누룩은 둥근 체를 이용해, 동그랗게 형태를 잡으셨어요. 볏짚으로 만든 그릇(둥그미) 안에 반죽한 누룩을 세 겹 정도 짚에 싸서 넣어두셨죠. 그러고는 몇

날 며칠을 홑이불로 덮어놓았어요. 그렇게 두었다가 술 담글 때마다 누룩을 빻아서 사용했지요. 할머니가 술 만들 때 둥그미에서 누룩을 꺼내 말리는 등 누룩 법제를 하시는 걸 어린 시절 나는 신기하게 봤습니다.

성인이 되고 나서 처음 인상적으로 맛본 술은 경주 교동법주였어요. 교동법주 역시 할머니의 술을 떠올리게 만든 술이죠. 내가 술을 빚게끔 만든 '마중물' 역할을 한 술이 교동법주입니다. 내 술의 원형은 할머니가 빚은 술이고, 할머니의 술과 내 술을 이어준 술이 교동법주입니다.

그러나 처음 술을 배울 때는 할머니의 술 생각이 나지 않았어요. 그냥 '전통술을 배워 만들어보자'는 정도의 생각뿐이었으니까요. 풍정사계 춘을 완성할 즈음에야 '아, 내가 만드는 술의 모델이 할머니의 술이었구나'라는 것을 깨달았습니다. 내가 의식하지는 못했지만, 술을 배울 때부터 할머니의 술을 어렴풋하게나마 생각하고 있었던 것 같아요."

이한상 대표와 누룩 얘기를 한참 하다 보니, 누룩틀 개발 스토리도 듣게 됐다. 메주 쑤는 것과 마찬가지로 누룩은 손이나 발로 디뎌야 형태를 잡을 수 있다. 사람의 손발이 닿아야 하니 힘이 들 수밖에 없어 누룩을 대량으로 만들기는 어렵다. 그래서 고안한 것이 누룩틀이다. 유압기를 이용, 기계의 힘으로 눌러 누룩 형태를 쉽게 만드는 장비다. 누룩틀은 이 대표 혼자 만든 것은 아니고, 그와 함께 누룩 공부를 하는 모임에서 같이 만들었다고 한다. 이한상 대표는 "누룩틀 덕분에 요즘엔 일 년치 누룩을 3~4일이면 형태를 만들 수 있다."며 "발로 디뎌 누룩 형태를 만들 때는 거의 한 달이 걸리던 고된 일이었다."고 말했다.

기계의 힘을 이용하는 누룩틀 사용으로 누룩 만들기가 훨씬 쉬워졌는데도, 이 대표는 누룩 생산량을 왜 크게 늘리지 않았을까? 누룩 양이 많아지면 그만큼 술 생산량도 비례해서 늘어날 수 있을 텐데?

이런 궁금증에 대해 그는 "아직 누룩술에 대한 시장의 수요가 많지 않아, 누룩 생산량을 늘릴 필요를 느끼지 못한다."고 말했다. 수요가 늘어야 공급을 늘릴 여지가 있다는 것은 당연지사. 대량생산이 가능하다고 해서 수요와 상관없이 공급만 늘릴 수는 없기 때문이다. 또 여기에는 가격을 낮추기 위해(판매를 늘리기 위해) 품질을 낮출 수는 없다는 이 대표의 '황소고집'이 도사리고 있다.

"우선은 공간의 제약이 있고, 누룩술 수요가 그리 많지 않아요. 사실 지금 양조장 운영을 가족이 도맡고 있는 형편이에요. 우리 부부가 대부분의 역할을 하고 자식들도 일부 돕고 있죠. 가족 경영을 하는 가장 큰 이유는 수요가 많지 않기 때문입니다. 사실, 사람을 동원해 누룩을 더 많이 만들 수는 있어요. 그에 비례해 매출이 늘어난다면 얼마든지 사람 써서 할 수 있다는 말입니다. 하지만 인위적으로 사람을 써서 생산을 늘릴 정도로 제품 수요가 많지 않아요. 수요가 한정적인데 공급만 크게 늘리면 뭐하겠어요? 재고만 쌓일 뿐이지요.

풍정사계는 병당 가격이 3만 원 안팎인 고가의 술이라, 내가 마시려고 사는 경우보다는 선물하기 위해 사는 경우가 많아요. 그러니 수요가 폭발적으로 늘기 어렵습니다.

세상과 타협하려면 착한 가격대의 술을 세상에 내놓아야 합니다. 그러자니 지금보다 품질이 다소 떨어지는 재료를 쓸 수밖에 없고. 발효, 숙성 기간도 빨리 끝내야 합니다. 그러고 싶지는 않아요. 내가 할 역할은 '누룩술을 세상에 알리는 일'입니다. 누룩술을 많이 팔기까지 하면 더 좋겠지만, 그러려면 내 욕심만큼 좋은 술을 만들기 어려워요. 대중에 영합해 저렴한 술을 만든다면 그 술에서는 '할머니의 술맛'을 느낄 수는 없을 것이니까요. 나는 적게 팔리더라도 '할머니의 술맛'이 나는 개성 있는 술, 누룩술을 만들고 싶습니다."

그래서 이 대표는 누룩에 대한 진지한 고민 없이 개량누룩을 쓰는 후배 양조인들이 못마땅하고 안쓰럽기도 하다. 사실, 가양주 문화가 흔했던 옛날에는 누룩과 술 빚기가 대개 여자의 일이었다. 남자들의 일이 아니었다. 이 대표가 기억하는 술 역시 할아버지가 아닌 할머니가 빚은 것이었다. 누룩도 마찬가지였다. 그러나 요즘엔 어떤가? 상업 양조에 뛰어든 사람들 중 대부분이 남자다. 그런데 이들 남자들이 "누룩은 어렵다."고 고개를 젓는다. 이한상 대표는 "여자분들도 쉽게 만들던 누룩을 남자들이 어려워서 못 만들겠다고 하는 것은 '힘든 일은 하기 싫다'는 핑계가 아닐까도 생각한다."고 했다.

전통주는 무엇이고, 전통은 또 뭔가? 전통주를 만든다면서 과거 전통주에 쓰였던 재료나 제조 방법을 깡그리 무시하고 손쉬운 방법대로 술을 만든다면 이걸 전통주라 할 수 있을까? 예를 들어, 일본에서 건너온 입국을 발효제로 쓰고, 고두밥도 찌기 번거로우니, 밥을 찔 필요도 없는 팽화미(뺑튀기한 쌀로, 고두밥을 지을 필요 없이 곧바로 물에 섞어 술을 만들 수 있다.)로 술을 빚는다 치자. 이 대표는 "이건 우리 술이 아니다."라고 단호하게 말한다. 재료나 술 제조방법이 외국 것이라면 그건, 외국 술이지 우리 술이 아니라는 말이다. 이 대표는 말한다.

"우리가 김치 종주국으로서, 글로벌 시장에서 '김치'라는 단어를 고수하기 위해 많은 노력을 해왔듯이, 우리 술이 진정으로 존재하려면 누룩에서부터 출발해야 한다고 생각합니다. 누룩이 없어지는 순간, 우리 술이 사라집니다. 전통주 양조인이라면 누구나 누룩의 중요성을 알아야 합니다. 누룩에는 우리 혼이 들어가 있어요. 우리의 정신을 비롯해 문화적인 것이 다 누룩에 들어가 있습니다. 다만, 누룩을 좀 더 편하게, 쉽게 만들고 과학화시켜 품질을 균일하게 만드는 노력은 얼마든지 해야 한다고 생각합니다. 하지만 힘들다는 이유로 누룩을 만들지 않고 대체품(입국)으로 술을 빚는다는 것은 우리 혼을 없애는 것과 같습니다."

그래서 그는 누룩을 만들고자 하는 후배들에게 두 가지 중요한 조언을 한다. 누룩 제조 과정을 일일이 기록하고, 전문가에게 자신이 만든 누룩을 보여주고, 지도를 받으라는 것이다. 한마디로 누룩 만들기가 혼자서는 어렵다는 것이다.

"내가 처음 누룩을 만들 때는, 매일매일 누룩 일지를 썼습니다. 기록을 세세히 다했지요. 누룩을 한 장, 두 장, 몇 번을 디뎠는지가 중요한 게 아니고, 누룩을 한번 디뎠을 때에, 누룩이 뜨는 과정 전부를 본인이 느꼈는가가 더 중요합니다.

또 하나는 내가 만드는 누룩을 평가해주고, 지도해 줄 사람을 고르는 게 좋습니다. 나 같은 경우는 한국전통주연구소의 박록담 소장님을 누룩 멘토로 선택했습니다. 그래서 새로운 누룩을 만들었을 때는 꼭 그 누룩을 가져가서 보여드리고, 평가받고, 그 내용을 다음 누룩 만들 때에

반영을 하고, 다시 시도를 하고. 그 과정을 오랫동안 반복했지요. 나 혼자, 하늘에서 뚝 떨어지듯이 누룩을 만든 게 아닙니다. 시행착오를 여러 번 거칠 때 조금이나마 나아집니다. 꼼꼼하게, 성실하게 누룩 만드는 과정을 기록으로 남기고, 또 그걸 전문가에게 보여주고, 또 지적 사항을 다음 누룩 만들 때 반영시키는 게 중요합니다.

내가 누룩이 뜨는 과정을 몸으로 느끼려면 기록이 가장 완벽한 것 같아요. 예를 들면, 첫날 만든 누룩 표면 온도를 재고, 날짜가 바뀌면서 계속 온도를 측정하면, 누룩 표면 온도가 어떻게 변하는가를 자세히 알 수 있습니다. 다음날 누룩의 습도를 뺏기지 않으려고 보온재로 감싸놓았을 텐데, 보온재를 처음 벗길 때의 느낌, 보온재를 그 다음날 벗길 때의 느낌, 세 번, 네 번 벗길 때 조금씩 다른 느낌을 전부 기록하는 식입니다.

매번 벗길 때마다 손 느낌이 다르고, 냄새가 다르고, 습도도 다 다릅니다. 그런 기록 말고도, 이번에 누룩을 띄울 때와 다음에 띄울 때 어떤 차이가 있는가를 다 기록해 놓아야 합니다. 이게 누룩을 제대로 만드는 가장 빠른 길이지요. 한 번을 빚더라도, 자기가 그 과정을 세세하게 기록하고 만지다 보면 언젠가 '아, 이렇게 만들면 되겠구나' 하는 느낌이 옵니다. 여행 갈 때 아무런 계획 없이 가는 것과 어디 가서 무얼 하겠다는 계획을 꼼꼼하게 세운 뒤에 가는 여행이 같지 않듯이 그 느낌은 엄청나게 차이가 납니다."

새로운 쌀 증류주,
'향온'

|

화양 양조장이 근래 공을 들이는 술은 증류주다. 원래 풍정사계 춘을 증류한 술이 겨울술인 '풍정사계 동'인데, 이와 별도로 새로운 증류주를 만들어 세상에 내놓을 채비를 하고 있다. 이를 위해 증류 설비도 4년 전에 새로 들여왔으며 화양 양조장에서 차로 10분 거리에 제2양조장, 증류주 전문 양조장도 차렸다.

(오른쪽 사진) 이한상 대표는 최근 증류주 전문 양조장을 인근에 따로 차렸다.

이 대표의 안내로 제2양조장을 찾았다. 2층으로 된 깔끔한 현대식 양조장이었다. 규모는 화양 본 양조장보다 훨씬 컸다. 1층은 사무실과 발효실, 2층은 시음 체험장, 숙성실이 자리하고 있다. 그리고 숙성실엔 10여 개 옹기에 술이 익어가고 있었다. 이 술들은 2023년부터 순차적으로 출시될 예정이다.

제2양조장에서 만든 쌀 증류주 이름은 '향온'이다. 누룩에 대한 이 대표의 애착, 열정을 잘 말해주는 대목이다. 신제품 향온은 멥쌀(밑술, 덧술)이 주원료다. 같은 쌀소주인 풍정사계 동이 멥쌉(밑술)과 찹쌀(덧술)을 섞어 만든 것과 대조적이다. 이 대표는 "찹쌀이 들어간 풍정사계 동은 부드러운 맛이 느껴지는 반면, 멥쌀만으로 만든 소주 향온은 깔끔함이 도드라진다."고 말했다. 향온 가격은 풍정사계 동보다 다소 낮게 책정된다. 이 대표는 "전통 소주에 더 가까운 술은 풍정사계 동이고, 새 증류주 향온은 보다 현대적인 스타일의 증류주"라고 말했다.

전통누룩의 보존, 그리고 전통을 되살리면서 현대적인 스타일을 함께 살려 나가려는 이 대표의 뚝심과 열정이 전통주 시장에도 굳건한 기둥이 될 것이다.

제품명, 제조장	**한영석 청명주(13.8도)** 한영석의 발효연구소
색상, 질감	진한 황금빛 호박빛
향	사과향 조청향, 시트러스, 복합적 과실향 과하지 않은 누룩향, 숙성향
맛	상큼한 산미 단맛이 적당함. 세미 드라이 과하지 않은 산미

한영석 청명주 13.8도

"전통누룩으로도 얼마든지 전통술을 대량으로 만들 수 있고, 그것도 누룩취 없는 상큼한 술을 만들 수 있다는 것을 보여주기 위해 청명주를 만들었습니다." 누룩 장인 한영석 대표가 올 봄에 만든 약주가 청명주다. 양조장은 전북 정읍 내장산국립공원 내에 있다. 청명주는 찹쌀로만 빚은 술이지만, 가벼운 단맛, 상큼한 신맛을 내는 비결은 자연발효 누룩, 저온발효, 쌀 침미법 등의 양조기술 덕분이다. 한영석 청명주는 쌀누룩, 향미주국, 향온국, 녹두국 등 네 가지 종류의 누룩을 번갈아 사용하며 만든다. 어떤 누룩을 쓰든 '상큼한 신맛'은 공통적이다.

맑은 신맛의 '한영석 청명주' 개발
한영석의 발효연구소 한영석 대표 _____

서울에서 자동차로 3시간을 달려 전라북도 정읍, 한영석의 발효연구소를 찾았다. 내장산국립공원 안에 위치해 주변 자연풍광이 예사롭지 않았고, 무엇보다 공기가 맑았다. 국립공원 안이라 가축 키우는 축사가 전혀 없어 얼굴 찌푸리게 하는 냄새도 전혀 없었다. 누룩과 전통술을 만드는 데 '최적의 장소'라는 생각이 절로 들었다. 발효연구소는 2,300평 넓은 부지에 누룩 발효공방, 양조장 등을 갖췄다. 키 큰 아름드리나무 밑에는 된장, 고추장 같은 발효조미료를 담을 장독도 수십 개 줄지어 있었다. 한 대표는 척수염을 앓으면서 치료를 목적으로 발효식품에 관심을 갖게 됐고, 2010년 식초 만들기를 시작으로 2011년 술빚기, 누룩 만드는 방법 등을 익혔다. 술빚은 지 12년 만에 자신의 술 '한영석 청명주'를 2022년 봄에 내놓았다.

자신의 누룩으로 빚은 '한영석 청명주'
맑은 산미가 일품

|

"한영석 청명주 한 잔은 푹 익은 사과즙을 마시는 느낌이다. 가벼운 단맛과 풍만한 산미의 조화가 청명주의 이름에 걸맞는 맛과 향을 준다."(한국가양주연구소 류인수 소장)

    2022년 봄에 출시한 한영석 청명주가 전통주 시장을 뜨겁게 달아오르게 하고 있다. 전통주 좋아한다는 사람들 사이에선 "한영석 청명주 마셔봤니?", "깜짝 놀랐어, 세상에 이렇게 맛있는 약주는 처음이야.", "양이 적어서(375㎖) 넘 불만이야." 이런 말들을 주고받기 바쁘다.

    청명주는 원래 충주 청명주가 유명하다. 충북 무형문화재 제2호인 충주 청명주는 김영섭 청명주 기능 보유자가 만들어온 약주다. 2022년 우리술 품평회에서 대통령상을 받은 약주는 김영섭 명인이 만든 술이다. 그런데 2022년에 나온 신제품 청명주는 전북 정읍에 있는 한영석의 발효연구소 한영석 대표가 빚은 술이다. 그래서 기존 충주 청명주와 구분하기 쉽게 한영석 청명주로 불린다.

    청명주는 특정인만 만들 수 있는 술은 아니며, 옛 문헌에 주방문(제조법, 레시피)이 나와 있는 전통술이다. 우리 조상들이 24절기 가운데 하나인 청명에 담가 먹었던 술인데, 찹쌀로 두 번 빚는 이양주다. 조선 후기 성리학자인 이익 선생이 저서 《성호사설》에서 "나는 청명주를 가장 좋아한다."며 주방문을 성호사설 만물문에 적어 놓았을 정도로 즐겨 마셨던 술이다.

    충주 청명주, 한영석 청명주 모두 제조방법과 원료는 별 차이가 없다. 쌀은 100% 찹쌀만 쓴다. 다만, 충주 청명주와 한영석 청명주는 디테일한 제조법이 조금씩 달라, 맛과 향에도 미세한 차이가 있다.

    가벼운 산미가 일품인 한영석 청명주는 60일간 직접 띄운 누룩을 사용하고, 술 빚는 데 또다시 90일간 발효와 숙성을 거쳤다. 누룩 만들고 술 빚는 데만 5개월이 넘게 걸린다. 대단한 '슬로푸드'가 아닐 수 없다.

자연발효 누룩, 저온발효, 쌀 침지법이
술맛 비법

한영석 대표가 빚은 청명주에는 왜 가벼운 산미가 날까? 신맛이 강한 술들은 술꾼들 말고는 대부분 싫어하는데, 한영석 청명주의 산미는 술 초보자 입에도 부담스럽지 않은 이유가 뭘까? 멥쌀이 아닌 찹쌀을 쓴 술인 점을 감안하면 단맛도 묵직한 게 정상인데, 왜 청명주는 찹쌀을 쓰고도 가벼운 단맛이 날까?

가양주연구소 류인수 소장은 "청명주가 찹쌀로만 빚은 술임에도 가벼운 단맛을 내는 것은, 쌀의 침지(물에 담가두는) 시간과 발효, 숙성 기간과 관련이 있다."고 했다. 여기에 하나 더, 남들이 쓰지 않는 '자가 누룩'을 쓴 덕분일 것이다. 이런 의문점들을 안고 한영석 대표를 만났다.

누룩명인 한 대표는 양조장에 앞서 누룩 발효실로 안내했다. 누룩이 만들어져야 그걸 갖고 술을 빚으니, 누룩실을 먼저 보는 게 맞지 않겠는가? 누룩 발효실은 예상했던 것보다는 규모가 작았다. 대량생산하는 규모가 아니었다. 한마디로 '공장형 누룩'을 만드는 곳이 아니었다. 번호가 붙여진 누룩실이 너덧 개 있었고, 누룩실마다 누룩 40~50개가 띄워지고 있었다.

누룩은 하나하나씩 듬성듬성 사이를 두고 발효 중이었는데, 누룩실은 온도, 습도는 물론 바람, 공기도 자연환경 그대로 맞춰져 있다고 했다. 한영석 누룩실이 공장형 누룩실과 다른 점 하나가 같은 크기의 공간에 누룩을 훨씬 적게 띄운다는 점이다. 공장형 누룩방에는 누룩을 거의 빈틈없이 빼곡하게 띄우지만, 한영석 누룩실은 누룩과 누룩 사이를 듬성듬성 띄운다.

한영석 대표는 "공장형 누룩실에서 1톤을 만드는 규모의 공간에서 우리는 '5분의 1'인 200kg의 누룩만 띄운다."고 말했다. 누룩 생산량을 줄이는 이유는 누룩이 발효 중에 토해내는 높은 열 때문이라고 했다. 한영석 대표의 설명이다.

"누룩실에서 곰팡이가 누룩에 달려들어 '품온'이라는 열을 냅니다. 열을 많이 낼 때는 실내 온도가 60도까지 올라가죠. 그래서 누룩과 누룩 사이를 많이 띄워, 열을 식힐 수 있도록 합니다. 빼곡하게 누룩을 거의 붙여 띄우면 양질의 누룩을 만들 수 없습니다."

이러다 보니, 한영석 누룩은 생산성이 높을 수 없고, 상대적으로 가격도 비싸다. 문제는 일반 양조장에서 누룩을 선택하는 첫 번째 조건이 '가격'이라는 현실이다.

안으로 들어가 본 누룩실 한 곳은 내부 온도가 30도에 가까웠다. 누룩들이 한여름을 나는 중이었다. 습도 역시 90%가 넘어 잠깐이라도 버티기가 힘들 정도였다. 한영석 대표는 "누룩실은 장마가 끝나는 초복에서 초가을까지 계절의 변화를 고스란히 옮겨놓았다."고 말했다. 초복에서 초가을까지 90일간의 기온, 습도 변화를 절반의 기간인 45일로 압축해, 누룩실에 그대로 재현했다고 한다. 말하자면, 누룩을 처음 띄울 때는 초복이고, 누룩 띄우기가 끝날 즈음이 초가을인데, 그동안의 계절 변화를 누룩실에 옮겨놓은 것이다. 자동으로 온도, 습도, 바람, 공기까지 계절에 맞게끔 조정해두었기 때문에 일 년 내내 누룩 띄우기가 가능하다고 한다. 그래서 한영석 누룩은 '자연 발효 누룩'이다. 강제적으로 열을 가해 누룩의 습도를 빼는 것이 아니라, 자연 조건 그대로를 절반으로 축약해 누룩을 천천히 띄우는 형태다. 누룩 발효에 45일, 법제에 일주일 정도, 그래서 누룩 만들기는 약 60일이 소요된다.

처음 설명을 들은 한영석 누룩은 향온국(향온곡이라고도 한다)이었다. 도정된 밀 80%, 보리 10%, 생녹두 10%를 섞어 띄우는 누룩이다. 발효실에서 본 향온국은 발효를 시작한 지 26~27일 지났다고 한다. 발효(누룩 띄우기)를 45일간 하니 3분의 2 정도 지난 누룩인 셈이다. 그래서 그런지 누룩 겉면에 곰팡이꽃이 많이 피어 있지 않았다.

발효 중인 누룩 겉면에 곰팡이가 많이 낀 누룩은 좋은 현상이 아니다. 습도 조절에 실패하면 곰팡이꽃이 많이 핀다는 것이다. 한영석 대표는 "누룩 겉표면에 곰팡이 포자가 많으면, 바깥 면이 곰팡이로 코팅이 된다."며 "이럴 경우에는 누룩 안의 습도가 밖으로 빠져나가지 못하고, 또 안으로 곰팡이가 침투하지도 못해 품질 좋은 누룩이 만들어지지 못한다."고 말했다. 이곳 한영석 발효연구소의 누룩실 어디를 둘러봐도 곰팡이꽃이 많이 피어있는 누룩은 보지 못했다.

두 번째 발효실에서는 녹두국과 백수환동국이 발효 중이었다. 누룩 중 가장 만들기가 까다롭고, 또 비싼 백수환동국은 녹두와 찹쌀이 2대 1로 들어간다. 백수환동국은 1kg 가격이 30만 원 가량일 정도로 비싼 누룩이다. 녹두가 10% 정도인 향온국과는 비교가 되지 않을 정도로 녹두가 많이 들어간다. 녹두는 수분이 많아, 녹두가 대부분인 백수환동국은 띄우기도 여간 어려운 게 아니다. 한 대표는 "백수환동국 누룩 만드는 데 사용한 녹두값만 7000만 원이 넘는다."고 말했다. 그동안 워낙 많은 실패를 맛봤기 때문이다.

그렇다면 백수환동국 누룩으로는 어떤 술을 만들까? 누룩 이름과 같은 술, 백수환동주를 빚는다. '백수환동주'란 뜻은 '이 술을 마시면, 늙은이의 흰머리가 검어지고, 주름진 얼굴이 동안이 된다'는 뜻이다. 한영석 대표는 "내가 전통주 세계에 발을 들여놓은 계기가 바로 백수환동주 맛을 봤기 때문"이라고 했다. 그의 설명을 더 들어보자.

"청명주 특징은 한마디로 '맑은 산미'라고 얘기할 수 있지만, 백수환동주는 한마디로 얘기하기 어려워요. 입안에 와 닿는 바디감은 꽉 찬 느낌, 향은 잘 익은 과실향이 납니다. 단맛은 중간 정도. 하지만 향을 똑

부러지게 표현할 재간이 없어요. 나는 백수환동주를 '게딱지에 밥을 비벼 먹는 맛'이라고 말합니다. 게딱지밥은 밥을 다 먹고 나도, 머릿속에 게딱지가 계속 생각이 나잖아요. 백수환동주가 그렇습니다. 술을 마시고 나서도 그 술 생각이 끊이지 않지요. 18세기 서적 《증보산림경제》에는 백수환동주의 다른 이름이 상천삼원춘(하늘나라 3가지 주방문 중 으뜸)이라고 할 정도였어요."

한영석 대표가 입에 침이 마르지 않을 정도로 자랑한 백수환동주는 언제 세상에 나올까? 현재 숙성 중인 백수환동주가 있어, 빠르면 2022년 연말쯤 출시된다고 한다. 술 발효에만 90일, 또 숙성에 6~10개월 걸려 꼬박 일 년을 투자해야 만들 수 있는 술이다. 그런데 가격이 기가 막히다. 375ml 한 병에 30만 원이라니. 약주는 물론 증류주를 포함해도 국내에서 가장 비싼 술이 백수환동주가 아닐까 싶다.

한영석 발효연구소에서는 이밖에 향미주국, 쌀누룩, 밀누룩, 한국형 고량주용 누룩 등도 띄우고 있다. 향미주국은 찹쌀과 녹두가 8대 2로 들어간 누룩이다. 살짝 익힌 녹두를 사용하므로, 발효가 끝나면 누룩에서 구수한 향이 난다. 술을 빚으면, 과실향들이 풍부한 특징을 갖는다. 생녹두를 쓴 누룩에는 꽃향, 익힌 녹두에는 과실향이 난다.

그렇다면 장안의 화제인 한영석 청명주는 어떤 누룩을 쓸까?

네 가지 누룩을 번갈아가며 사용한다. 첫 번째 생산에는 쌀누룩을, 두 번째는 향미주국을 썼다. 그밖에 녹두국, 향온국도 사용한다. 쌀누룩을 쓴 청명주와 향미주국을 쓴 청명주는 미세하게 향과 맛이 다르다. 그러나 청명주의 특징인 '맑은 산미'는 어느 누룩을 사용하더라도 공통적으로 나타난다. 유기산적인 산미, 가벼운 산미는 사용하는 누룩의 영향을 거의 받지 않고 나타난다.

한영석 청명주가 지향하는 산미는 가볍다. 청명주 한 잔을 마시고 잔을 내려놓을 즈음에는 산미가 입안에 맴돌지 않을 정도로 짧다. 사과를 한 입 베어 먹으면 신맛이 나지만, 사과를 다 먹고 나서는 신맛을 느끼지 못하는 것과 마찬가지다.

한영석 청명주의 신맛(산미)을 얘기할 때 누룩 말고도 **빼놓으면 안되는** 게 있다. '저온발효'다. 청명주의 가벼운 신맛, 초보자도 좋아하는 신맛은 좋은 누룩을 쓴 탓이 크지만, 상큼한 신맛을 결정짓는 것은 저온발효다.

누룩실을 나와 한영석 대표가 안내한 양조장 발효실의 온도는 13.8도였다. 대개는 13.5도에 맞춰놓는다고 했다. 누룩 향미주국을 쓴 청명주가 발효 중이었다. 발효를 시작한 지 일주일 정도 지난 청명주가 스테인리스 발효탱크 안에서 부글부글 거품을 내며 끓고 있었다. 알코올 향은 강하지 않았다. 한 대표는 "효모들은 25도 정도의 높은 온도에서 활동이 왕성한데, 13도 안팎의 낮은 온도에는 효모들이 힘겹게, 천천히 알코올 발효를 한다."고 말했다.

양조장 발효실 온도를 13도까지 낮춰 놓는 이유는 저온발효를 위해서다. 효모 활동이 너무 왕성하면, 다른 미생물들이 들어올 여지가 별로 없다. 그래서 낮은 온도를 설정해 효모 활동을 어느 정도 제한하면, 술에 다양한 향을 내는 미생물들도 활동하기 좋아져, 결국 술의 향이 좋아진다는 것이다. 알코올 발효가 더디게 진행돼 발효에만 60일이 소요

270

된다. 청명주의 상큼한 신맛 비결은 첫째 누룩, 둘째 저온발효에 있다.

그리고 세 번째로 언급할 한영석 청명주 비결(가벼운 산미)은 산장법 (쌀을 고두밥으로 찌기 전에, 물에 오래 불리는 것)이다. 청명주 원료는 100% 찹쌀이다. 그래서 일반적으로는 찹쌀로 죽이나 떡을 만들어 밑술로 만들고, 찹쌀로 만든 고두밥을 덧술로 쓴다.

그런데 한영석 청명주는 좀 다르다. 우선 밑술보다 덧술 준비를 먼저 시작한다. 덧술에 쓸 찹쌀을 물에 담가둔다. 여름에는 3일, 겨울에는 거의 10일을 물에 담가둔다. 쌀을 살짝 삭히는 정도다. 이것이 산장법, 침미법이다. 쌀을 이렇게 물에 불리고, 쌀을 불렸던 물을 버린 다음 쌀만 씻어 고두밥으로 찐다. 이렇게 하면 술에 깔끔한 산미가 생긴다는 게 한 대표의 설명이다. 또한, 덧술로 쓸 고두밥을 찌기 직전에 물과 쌀 비율을 10대1로 죽을 만들어 밑술로 쓴다.

현재 청명주는 한 달에 1톤 정도 생산한다. 375ml 기준, 3,500병 정도라고 한다. 시장 반응이 좋아, 발효탱크를 추가로 들여왔고, 하반기에는 월 5,000병 생산이 가능하다.

전통누룩으로
대량생산의 가능성을 열다

그런데 한영석 청명주는 왜 누룩을 네 가지나 번갈아가며 사용하는 걸까? 쌀누룩, 향미주국, 향온국, 녹두국도 쓴다고 한다. 같은 술에 여러 누룩을 번갈아 쓰는 예가 흔하지 않다. 누룩 장인 한영석 대표의 속셈은

한영석 대표(오른쪽)가 찹쌀로 청명주 고두밥 덧술을 만들고 있다.

도대체 뭘까? 자신이 만든 누룩을, 청명주를 통해 마케팅(홍보)하려는 의도일까? 그 대답을 들으려면 다시 그의 누룩 이야기로 돌아가야 한다.

5년 전 정읍으로 발효연구소를 옮길 때만 해도 한 대표는 양조장을 차릴 계획은 없었다고 한다. 단지 수원에서 시작했던 누룩 공방 규모를 키울 생각뿐이었다.

그런데 누룩이 잘 띄워지는 자연조건에 맞게 오랜 시간과 정성을 다해 띄운 한영석 누룩이 정작 시장에서는 제값을 받지 못했다. 전통주에는 발효제로 누룩이 쓰이지만, 전통주 양조장에서 실제로 주로 사용하는 누룩은 개량누룩, 입국이다. 개량누룩은 특정 곰팡이균을 뿌리는 방식으로 누룩을 대량으로 만들고, 띄우는 기간도 짧다. 한영석 누룩은 띄우는 데 60일 걸리는데, 대개 20일 넘는 공장형 누룩도 드물다. 시간은 곧 돈이다. 한영석 누룩은 개량누룩보다 비쌀 수밖에 없는데, 대부분의 양조장에서는 저렴한 개량누룩을 선호하는 게 현실이다.

　또 한 가지 한영석 대표를 절망케 한 사실은, '전통누룩은 전통주를 대량으로 만드는 데 적합하지 않다'는 근거 없는 얘기였다. 전통누룩으로 술을 빚으면, 역겨운 누룩취가 많다는 말도 떠돌았다. 그래서 한 대표는 고민 끝에 '전통누룩으로 얼마든지 좋은 술을, 그것도 대량으로 만들 수 있다'는 것을 직접 보여주기 위해 전통주를 만들기로 하고, 그 첫 작품으로 한영석 청명주를 만든 것이다. 한 대표의 설명이다.

"아무리 내가 만든 누룩이 좋다고 설명해도, 양조장 대표들이 들은 척도 하지 않았어요. 그래서 한영석 누룩이 좋다는 것을 말로만 얘기하지 말고, 술을 만들어 술맛으로 평가받게 하자는 게 청명주를 만든 의도였지요. 술맛이 좋으면 그 술에 쓰인 누룩에 대해서도 관심을 가지지 않을까 하는 생각에서였습니다.

　이번에 한영석 청명주가 각광을 받았던 이유도, 누룩을 자연발효하는 과정에서 나오는 갖가지 향들이 술에 잘 스며 있기 때문이에요. 한영석의 술들은 한영석의 누룩을 쓰기 때문에, 자연발효에서 나오는 독특한 특징들이 있어요. 맛의 특징도 있고요. 누룩의 자연발효 때문에 나오는 향긋한 견과류의 향이 있습니다. 이게 다 누룩과 관련되어 있지요. '좋은 누룩을 써야 좋은 술이 빚어진다'는 것을 청명주가 말해줍니다. 한영석 누룩이 다르다는 것을, 한영석 누룩으로 만든 술로 보여주고 싶었어요. 누룩 자체로는 비교하기가 어렵고, 어차피 누룩은 좋은 술을 만들기 위한 주요 재료이기 때문에 완성품인 술로 (어떤 누룩이 좋은지) 승부가 난다는 생각에서요. 실제로 한영석 청명주 출시 이후 누룩도 더 많이 팔리고 있습니다."

한영석 대표를 누룩 세계로 인도한 한국가양주연구소의 류인수 소장 역시 한국의 대표적인 '누룩 전도사'다. 한 대표는 가양주연구소에서 2년 동안 전통주를 배우다가, 전통술에 있어 누룩의 중요성을 깨닫고 누룩 공부를 시작했다. 한 대표는 "류인수 소장으로부터 '좋은 술이 되려면, 우선 누룩이 좋아야 한다'는 얘기를 듣고 누룩 공부를 시작했다."고 말했다.

한영석 대표는 청명주 성공에 힘입어 하향주, 동정춘, 호산춘, 백수 환동주 등 다음에 내놓을 술들도 차분하게 준비하고 있다. '발효 전문 가' 한 대표의 관심은 술에만 있는 게 아니다. 누룩이 들어간 된장, 소금, 고추장 같은 발효 조미료 생산도 곧 시작된다. 기술 이전을 통해 마을공동체에서 위탁생산할 예정이라고 한다.

발효 조미료 생산이 본격화되면 한영석 대표의 누룩실도 더욱 활기를 띨 것이다.

제품명, 제조장	금정산성막걸리(8도) 금정산성토산주
색상, 질감	탁도 진함, 갈색 회백색
향	누룩향 곡물향
맛	신맛이 강하고 걸쭉함. 탄산이 강함, 끈적함 강함. 술꾼들의 막걸리.

금정산성막걸리 8도

박정희 전 대통령이 즐겨 마신 막걸리, 금정산성막걸리는 신맛이 강해 호불호가 강한 술이다. 양조장이 있는 부산 금정산성은 1,000년 전부터 누룩을 빚어왔다는 기록이 있을 정도로 우리나라 누룩의 성지나 다름없는 곳이다. 통밀을 거칠게 빻아 만든 누룩을 40일 이상 걸려 만든 뒤 술에 사용한다. 오랜 동안 누룩을 말린 덕분에 술 발효 중 누룩이 수분을 많이 머금었다가 다시 토하면서 누룩 속의 다양한 미생물 성분들이 밑술 속으로 잘 스며든다. 2,000원대 대중적인 막걸리 중에 전통누룩을 쓰는 양조장은 이곳 금정산성막걸리 외에는 찾아보기 어렵다.

_금정산성토산주 유청길 명인

부산 유일의 산성인 금정산성 중턱에 자리잡은 금정산성마을에는 500년 동안 전통
방식으로 누룩을 빚는 누룩공장이 있다. 그리고 그 누룩공장에서 만든 누룩으로 막
걸리를 생산하는 양조장이 500여 미터 떨어진 곳에 있다.

유한회사 금정산성토산주, 이 막걸리 양조장의 정식 명칭이다. 그러나 이 이름보다
는 '금정산성막걸리'로 더 많이 알려져 있다. 박정희 전 대통령이 군수기지 사령관으
로 근무 당시부터 즐겨 마셨다는 막걸리다. 그러나 정식 양조장 허가를 받지 못했다
고 한다. 당시 법에 양조장 지역 제한 규정이 있었기 때문이다. 이를 애석하게 생각
한 정부는 1979년, 대통령령(제9444호)으로 금정산성막걸리를 우리나라 최초의 민
속주로 지정했다. 이로써 국가로부터 특별 양조 허가를 받은 금정산성막걸리 양조장
은 1980년, 마을 주민들이 힘을 모아 연합양조장을 설립하여 지금에 이르고 있다. 지
금의 금정산성토산주 양조장은 '유한회사' 성격으로 마을 주민 100여 명이 공동 주주
역할을 하고 있다. 유청길 현 대표(명인 제49호)가 1997년부터 25년간 대표를 맡고
있지만 그는 '월급쟁이 사장'일뿐, 금정산성토산주는 그의 개인 회사가 아니다.

누룩이 더 유명한
금정산성막걸리

|

금정산성막걸리를 지금의 금정산성막걸리로 만든 것은 8할이 누룩이다.
금정산성막걸리는 병당 가격이 2,000원 정도인 대중 막걸리다. 그럼에
도 전국 막걸리 양조장 중 드물게 직접 만든 전통누룩으로 막걸리를 빚

는다. 가격이 1만 원이 넘는 프리미엄 막걸리조차 입국으로 술을 빚는 현실과는 지극히 대조적이다. 전통 밀누룩을 쓰는 양조장이 더러 있지만 대부분은 고급 탁주, 약주를 제조하는 곳에서만 전통누룩을 주로 쓴다. 그나마도 누룩을 직접 만들어 쓰는 양조장은 극히 드물다.

금정산성 누룩 만드는 공정

발로 디뎌
둥근 모양의 누룩을 만든다.

↓

일주일간 발효

↓

2~3일 정도 법제

↓

건조 및 숙성(한 달)

그런데 지금도 이곳 금정산성막걸리 근처 누룩공장에서는 500여 개의 전통 밀누룩을 매일 만든다. 70~80대 할머니들이 직접 발로 디뎌 둥근 모양의 누룩을 만든 다음, 일주일간 누룩방에서 발효를 거쳐 누룩을 완성한다. 그렇다고 곧바로 술 원료로 쓰이는 것은 아니다. 발효가 끝나 누룩꽃이 활짝 핀 누룩을 한 장 한 장 펴서 다시 2~3일 정도 햇볕에 바짝 말린다. 이 과정을 법제라고 하는데, 살균효과를 위해서다.

이게 다가 아니다. 금정산성 누룩은 법제 후에도 창고에서 한 달 정도 더 건조 과정을 거친 뒤에야 술 원료로 투입된다. 거의 40일 동안 누룩을 말린 후 술 빚는 데 사용할 정도로 정성과 시간을 기울인다.

"워낙 오랫동안 누룩을 건조시키기 때문에 발효 탱크에서 누룩이 물을 엄청 빨리, 많이 흡수했다가 다시 토해냅니다. 이 과정에서 누룩 속 다양한 미생물들이 술에 자연스럽게 배어, 금정산성막걸리의 진한 맛이 완성되지요."

금정산성막걸리 유청길 대표의 설명이다. 금정산성막걸리 취재에 나선 길이지만, 양조장을 둘러보기에 앞서 누룩공장을 먼저 찾았다. 2013년 국내 처음으로 '막걸리 분야' 식품명인으로 지정된 유청길 대표의 안내를 받았다. 지금도 막걸리 명인은 유 대표가 유일하다. 누룩공장은 유 대표 가족 회사다.

'유가네 누룩' 공장은 금정산성막걸리 제1양조장에서 500여 미터 떨어진 곳에 자리잡고 있다. 이곳 금정산성 일대에서 누룩을 빚기 시작한 것은 1,000여 년 전으로 거슬러 간다고 하니, 이곳 막걸리 역사보다 훨씬 오래다. 금정산성에서 멀지 않은 사찰인 범어사에는 신라시대, 더 나아가 삼국시대부터 금정산성 인근에서 누룩을 빚어왔다는 기록이 남아 있다. 유청길 대표 집안에서만 이곳에서 누룩을 빚은 세월이 500년에 달한다고 하니, 금정산성 일대는 우리나라 '전통누룩의 성지'나 다름없는 곳이다.

누룩공장 안으로 들어가니 할머니 너덧 분이 발로 둥글게 누룩을 빚고 있었다. 통밀을 거칠게 빻은 후 물, 밀가루와 섞은 누룩 반죽을 소분해 '피자 도우' 모양의 누룩을 만든다. 이를 '누룩 족타법'이라고 한다. 발로 압력을 줘서 둥글게 만든 다음, 마무리 단계에서는 발로 톡톡 쳐서 모양을 완성한다. 가장자리는 중간 부분보다 다소 두껍게 만든다. 가장자리에 수분이 상대적으로 많게 해서 누룩꽃이 골고루 피도록 하는 과학이 '누룩 금형'에 숨어 있다.

그 다음은 누룩방이다. 금형(둥글게 모양을 잡는 것)이 끝난 누룩은 연탄불로 온도를 조절하는 누룩방에서 7일간 발효 과정을 거친다. 유 대표의

금정산성막걸리 맛 비밀은 누룩 만드는 할머니 발 힘에서 비롯된다. 일명 족타법이다.
발효가 끝난 누룩은 한 장 한 장 펴서 햇볕에 2~3일 동안 말린다.

안내로 들어간 누룩방에는 발효 중인 누룩 수백 개가 희고 노란 곰팡이 꽃이 핀 채 얌전히 누워 있었다. 유 대표가 이중 하나를 들어 툭툭 치니, 곰팡이균이 연기처럼 사방에 흩어진다. 이런 다양한 곰팡이균들이 결국 막걸리의 맛과 향을 결정한다. 전통누룩에 대한 유 대표의 자부심은 대단했다.

"2,000~3,000원 하는 막걸리에 전통누룩을 쓰는 곳은 이곳 금정산성막걸리밖에 없습니다. 이게 진짜배기 전통누룩, 수제누룩입니다. 흔히 입국, 개량누룩이라고 부르는 누룩들은 공장에서 대량생산하는 것들입니다. 기계로 누룩을 찍어내는 공장에서는, 발효과정에서도 술맛과 향을 좌우하는 곰팡이균들을 누룩 위에 뿌립니다. 금정산성 누룩은 곰팡이균들이 어떻게 달라붙을까요? 그대로 놔둡니다. 일주일 정도 적당한 온도와 습도의 누룩방에 두면 공기 중의 미생물, 곰팡이균들이 날아가 누룩에 흡착됩니다. 그러다 보니, 전통누룩은 품질이 다소 들쑥날쑥합니다. 같은 장소에서 발효를 거치더라도 날씨나 습도 등 자연조건에 따라 미세한 차이가 날 수밖에 없지요. 이것을 '전통누룩의 단점'이라고 얘기하는 사람도 있겠지만, 저는 오히려 전통누룩만이 갖는 매력이라고 생각합니다. 공장에서 만든 똑같은 개량누룩을 쓴 막걸리는 부산 막걸리든 서울 막걸리든 맛이 똑같습니다. 다만 어느 제품이 더 달고, 덜 달고의 차이가 있을 뿐이죠. 시간과 정성을 들여 만든 재래식 누룩으로 만든 금정산성막걸리는 다른 막걸리와는 비교할 수 없는 맛과 향의 '깊이'가 있습니다."

밀누룩으로 발효시켜
신맛 강한 '사나이의 술'

|

금정산성막걸리의 정체성은 '신맛'이다. 이 신맛은 결국 전통누룩에서 기인한다. 그런데 신맛을 누구나 좋아하는 것은 아니다. 오히려 싫어하는 사람들이 훨씬 많다. 그래서 금정산성막걸리의 '신맛'은 외연 확장(매출 확대)의 걸림돌로 작용하고 있는 게 사실이다. 도대체 전통누룩을 쓴 막걸리에서 왜 신맛이 나는 걸까? 유 대표는 이렇게 설명했다.

"전통누룩은 제조 과정에서 여러 잡균이 많이 생깁니다. 학자들이 공통적으로 하는 얘기가 있습니다. 잡균이 많다는 것은 유산균 함량이 엄청 풍부하다고요. 그래서 우리 술은 다소 신맛이 강합니다. 맛이 빨리 십니다. 그냥 놔두면 식초가 됩니다. 유통기한도 20일로, 다른 술에 비해서는 좀 짧은 편입니다. 그러다 보니, 우리 술을 잘 모르는 분들은 한 잔 맛을 보고 나서는 '술맛이 왜 이렇게 시지? 벌써 상한 거 아냐?' 이런 반응을 보이는 경우가 적지 않습니다. 사실, 신맛이 좋다는 분들보다는 다소 부담스럽다는 분들이 더 많습니다. 그래서 주력 제품인 8도 막걸리 외에 6도, 5도 제품도 내놓았습니다. 도수가 다소 낮은 제품은 신맛도 훨씬 덜합니다."

그러나 '술꾼들의 사랑방' 전통주점 반응은 금정산성막걸리에 대해 대체로 긍정적이다. 국내 최대 전통주 전문점인 서울 백곰막걸리에서도 금정산성막걸리는 인기 상품이다. 전체 막걸리 판매 10위 권 안에 든다.

백곰막걸리 이승훈 대표의 평가 역시 호의적이다.

"프리미엄 막걸리들이 유행하기 이전부터 술꾼들 사이에선 금정산성막걸리가 맛있다는 사람이 꽤 많았습니다. 그 이유를 알아보니, 기존 일반 막걸리는 6도인데 비해 금정막걸리는 8도로, 그만큼 물을 덜 타서 농밀하다는 것이죠. 또 달고 탄산감이 도드라진 대중 막걸리에 비해 적당한 신맛이 입에 짝 붙어, 한식 안주와 궁합이 잘 맞기 때문이기도 합니다."

누룩공장을 나와 다시 제1양조장으로 자리를 옮겼다. 1974년부터 양조장으로 쓰였다는 이곳은 원래는 목욕탕 용도로 지었다가 동네 사람들의 권유로 유 대표 부친이 양조장으로 운영한 곳이라고 한다. 막걸리 특유의 쿰쿰한 냄새를 따라 안으로 들어갔다. 발효실 탱크에서는 막걸리들이 부글부글 끓고 있었다. 달콤한 향과 함께 독특한 신맛도 코로 느껴졌다. '부산의 명물' 이곳 금정산성막걸리는 꾸준히 수요가 늘어, 현재는 인근에 제2공장까지 가동 중이다.

박정희 전 대통령이 즐겨 마셨다는
'금정산성막걸리'

|

금정산성막걸리가 유명해진 첫 번째 계기는 박정희 전 대통령 덕분이다. 박 전 대통령은 부산에 본부가 있는 군수기지 사령관으로 있을 때

이곳 금정산성을 찾아 산성막걸리를 즐겨 마셨다고 한다. 그런데 이곳 산성막걸리는 당시만 해도 '밀주'였다. 양조장 허가를 받지 않았지만, 생계 차원에서 막걸리를 빚는 집들이 수십 곳에 이르렀다. 금정산성 일대는 오래 전부터 막걸리의 주된 재료인 전통누룩을 빚어온 데다, 해발 400여 미터에 위치해 양조장이 들어서기에는 '최고의 입지'였기 때문이라고 한다. 특히 주위를 둘러싼 산이 깊어, 수량이 풍부하고 수질 역시 술 만들기에 최적의 조건이었다. 금정산성의 '정'자가 우물이란 뜻이다. 그만큼 물이 많고 좋기 때문에 붙여진 이름이다.

그러나 정식 양조 허가를 받지 않은 밀주라는 사실은 어쩔 수 없었다. 그래서 청와대는 대통령령으로 금정산성막걸리를 국내 최초의 민속주로 지정해, 양조장을 양성화시켰다. 그것이 1979년, 박 전 대통령이 10.26 사태로 서거한 바로 그해였다. 어쨌든 양조장 허가를 받게 된 걸 계기로, 금정산성마을 주민들은 집집마다 별도로 만들던 막걸리를 통합해서 '금정산성막걸리'라는 마을 브랜드를 탄생시켰다. 그리고 이듬해 1980년 유한회사 금정산성토산주라는 양조장이 정식 출범했다.

그러나 박 전 대통령의 급작스런 서거로 금정산성막걸리 마케팅 동력이 급속히 상실돼, 회사 경영은 신통찮았다. 주식도 절반가량 외부로 넘어가고 술 판매량도 늘지 않았다. 유청길 대표는 이런 배경에서 '구원투수'로 등판했다. 연세 지긋한 동네 어르신들이 '거의 억지로' 당시 마을 청년회장이었던 유청길을 양조장 대표로 앉혔다고 한다. 유 대표는 "동네에서는 드물게 대학 나왔다는 이유로, 마을 어른들이 마을 사업을 이것저것 내게 다 시켰다."고 말했다. 1997년 양조장 대표로 취임한 그는 당시 하루 술 매출량 60L이던 실적을 2022년 현재 하루 6,000L로 키웠다. 단순 계산으로는 대표를 맡은 지 25년 만에 100배 정도 매출을 키웠다는 얘기다. 현재 금정산성막걸리의 연간 매출은 25억~30억에 이른다. 막걸리 전문 양조장 실적으로는 '전국 중상급'이다.

유 대표는 사범대학을 나와 교편을 잠시 잡았다가, 10여 년간 직장생활을 했다. IMF(외환위기) 직전 직장을 그만두고 고향 마을에서 식당을 막 창업했다가 얼떨결에 양조장 대표를 맡게 된 것이다. 어머니가 '500년 집안 가업'이었던 누룩 만드는 걸 어릴 적부터 어깨 너머로 봐왔고, 막걸리도 집안에서 만들기는 했지만 양조에 대한 전문 지식은 없었다. 그런데 어떻게 양조장 대표를 덥석 맡아, 25년 만에 매출을 100배나 키울 수 있었을까?

"동네 어르신 권유로 할 수 없이 양조장 대표를 맡았지만, 처음엔 밤에 잠이 오지 않았습니다. 말이 회사지, 재정 상태나 판매 실적이 형편없었습니다. 어디서부터 손대야 할지 감이 오지 않았습니다. 하지만 결국 '막걸리는 술맛이 좋아야 한다'는 기본에서 다시 출발해야 한다고 깨달았습니다. 그때부터 숱하게 술을 만들고, 또 내다버렸습니다. '마시기 편한 술'을 만들기 위해 제 욕심에 차지 않는 술은 가차없이 도랑에 갖다버린 거죠. 동네 어른들로부터는 '양조장 대표를 맡겨났더니, 술을 팔지는 않고 갖다 내버리기만 한다'는 핀잔도 많이 들었습니다. 금정 막걸리는 우선 희소성이 있습니다. 전통누룩을 쓰는 막걸리는 우리밖에 없습니다. 알코올 도수도 일반 막걸리처럼 6도가 아닌, 8도로 차별화했습니다. 그래도 소비자들이 우리 술을 알아주는 데는 오랜 시간이 필요

했습니다. 대표를 맡은 지 10년 정도 지난 2008년쯤부터 매출이 본궤도에 오르더군요."

금정산성막걸리를 또 한번 전국에 알린 것은 그의 '식품 명인' 지정이다. 유 대표는 2013년, 중앙정부로부터 막걸리 분야 최초의 식품명인으로 지정받았다. 금정산성 누룩의 과학적인 분석, 산성막걸리의 전통적인 제조방법에 대해 체계적인 연구를 오랫동안 해온 노력을 높이 평가받은 것이다. 당시 그의 나이 56세였다.

오랜 세월 막걸리를 만들어온 유 대표이지만, 그가 만든 막걸리에는 감미료가 소량 들어 있다. 대부분의 막걸리에 빠지지 않는 아스파탐이다. 전국 어느 양조장에서도 사용하지 않는 전통 수제누룩을 쓰는 금정산성 막걸리에 굳이 감미료를 넣어야 하는 이유는 뭘까? '무감미료 막걸리'는 왜 만들지 않는 걸까?

"감미료는 극소량만 씁니다. 우리는 밀누룩을 만들면서 발로 많이 밟는데, 많이 밟을수록 밀에 있는 단백질에 찰기가 생겨 얇으면서 둥글 넓적한 누룩을 만들 수 있습니다. 금정산성누룩은 표면적이 넓어 누룩 곰팡이가 잘 피기 때문에 전분을 잘 삭혀주는 누룩이 됩니다. 배양기간도 다른 누룩에 비해 짧아 전분이 많이 남아있는 것이 특징입니다. 이 전분은 발효를 거쳐 당분이 되고, 다시 알코올로 바뀝니다. 쌀의 전분뿐 아니라 누룩의 전분 역시 당으로 바뀝니다. 그래서 우리 술의 전분, 결국 당분이 다른 술보다 결코 적지 않지요. 오히려 더 많다고 봅니다. 입국을 쓰는 대부분의 양조장보다 투입하는 누룩 양이 훨씬 많기 때문이죠. 그래서 감미료는 극소량을 사용해도 된다는 얘기입니다.

그런데 전혀 안 쓰면? 알코올은 원래 쓴맛입니다. 쓴맛을 상대하기에는 고두밥과 밀누룩 갖고도 부족합니다. 쓴맛이 도드라지면 아무래도 소비자가 거부감이 있게 마련입니다. 적당한 잔당이 있어야 마시기에 편해요. 더구나 금정산성막걸리가 다른 술보다 신맛이 강한 편이기도 하고. 이런 쓴맛, 신맛과 어울릴 단맛을 조금 더 내기 위해 약간의 감미료를 넣고 있습니다. 그게 첫 번째 이유입니다.

두 번째, 감미료를 어쩔 수 없이 넣는 이유는 가격, 대중성에 있습니다. 할머니들이 옛날에 집에서 막걸리 담글 때는 감미료 대신 엿기름을 썼습니다. 쌀, 보리를 삭혀서 정성들여 엿기름을 만들어 이걸 갖고 막걸리를 만든다면, 막걸리 한 병에 2만~3만 원 정도 받아야 할 거예요. 지금도 시중에 2만 원 넘는 막걸리가 있지만, 제 생각으로는 2만~3만 원 하는 막걸리는 일반 서민들은 못 마십니다. 이전에 고급 햅쌀 막걸리도 내보았지만, 사먹는 분들이 한정적이었죠. 가격이 비싸면 막걸리는 안 팔립니다."

전통누룩
맥 끊기지 않게 하는 것이 내 역할

|

유 대표는 부득이 감미료를 일부 사용하지만, 금정산성막걸리의 자랑은
누룩에 있다고 재차 강조했다.

"금정산성막걸리는 전통누룩을 쓰는 유일한 막걸리입니다. 만약
우리마저 가격이 부담돼 전통누룩을 쓰지 않는다면, 전통누룩의 존재
자체가 없어질지도 모릅니다. 우리는 전통누룩의 명맥을 이어가야 한다
고 여기고 있고, 우리가 아니면 현실적으로 전통누룩을 지킬 수가 없다
고 생각해요. 귀한 전통누룩을 쓰지만, 막걸리 한 병은 2,000원 안팎입
니다. 실제로 남는 게 거의 없어요. 누룩의 대중화, 특히 전통누룩의 대
중화를 위해서 하는 일입니다. 전통누룩으로 막걸리 만드는 것도 아마
내가 마지막이 아닐까 싶습니다. 그다음은 없을 거예요. 공장에서 찍어
내는 입국을 사용하면 얼마든지 제조원가를 낮출 수 있기 때문입니다."

금정산성막걸리는 현재 3종이다. 주력 제품인 8도 막걸리가 곧 금
정산성막걸리다. 일명 부산산성막걸리로 널리 알려져 있으며, 대한민
국 민속주 1호 막걸리다. 지금은 안동소주, 문배술, 전주이강주 등이 민
속주로 잘 알려져 있지만, 이들 술들은 1988년 서울올림픽을 계기로 민

속주로 지정된 술들이고, 금정산성막걸리의 민속주 지정은 훨씬 앞선다. 8도 금정산성막걸리는 '사나이들의 술'이다. 술 좀 마신다는 꾼들이 좋아하는 술이라고 할 수 있다. 특유의 산미와 누룩 향을 좋아하는 마니아들이 적지 않지만, 부담스럽다는 소비층이 더 많다. 특히, 젊은층, 여성들은 금정산성막걸리의 신맛과 높은 도수에 거부감이 적지 않다.

그래서 내놓은 술이 알코올 도수 6도의 '금정산성막걸리 순'이다. 도수를 낮춘 라이트 버전으로 도수 낮은 술을 선호하는 현대 트렌드에 맞춘 술이다. 상대적으로 맛이 부드럽고 순하다.

2021년 11월에는 더 순한 술이 나왔다. '금정산성막걸리 청탁'이다. 알코올 도수는 5도다. 지평막걸리와 같은 도수다. 유청길 대표의 아들인 유혜수 대리의 작품이다. 유 대표는 "대학에서 발효공학을 전공한 아들이 양조장에 입사해 양조를 하고 있는데, '더 순한 막걸리를 만들어야 한다'고 주장해, 청탁막걸리를 출시했다."고 말했다. 가격은 금정산성막걸리보다 비싼 3,000원. 부산가락농협의 황금쌀을 쓴다고 한다.

청탁막걸리는 술 빚을 때 물을 다소 적게 넣는다. 습기는 곰팡이들이 자생하는 데 좋은 조건이다. 곰팡이들은 물을 좋아한다. 그래서 신맛을 내는 곰팡이균들이 좋아하는 환경을 의도적으로 적게 만들기 위해 물을 적게 타서 술을 만들었다. 하지만 신맛이 강한 금정산성막걸리의 특징은 5도 금정산성막걸리 청탁에도 여전했다. 5도 청탁 막걸리 맛을 보니까, 그렇다는 얘기다.

금정산성막걸리의 새로운 시도가 대중에게 어떻게 다가갈지는 좀 더 지켜봐야 할 일이다. 하지만 '술꾼들의 술' 금정산성막걸리 인기는 변함이 없을 것이다.

제품명, 제조장	**서울(7.5도)** 서울양조장
색상, 질감	하얀 아이보리 조금 진한 편 하얀색
향	지푸라기 볏짚향, 곡물향 매실향
맛	드라이와 단맛의 중간. 가벼운 신맛에 크리미한 느낌. 내추럴 단맛과 세미 드라이의 단맛.

서울 7.5도

전통술 교육기관인 한국가양주연구소 류인수 소장이 빚은 무감미료 막걸리다. 한 병 가격이 12,000원. 류 소장이 직접 개발해 만든 설화곡 누룩으로 만들었다. 쌀가루에 곰팡이를 피워 만든 설화곡은 열대 과일향이 나는 귀한 누룩이지만 알코올 발효력이 약해 한 번의 밑술에 네 번의 덧술을 해서 막걸리를 완성한다. 그래서 오양주다. 쌀의 잔당과 유기산이 합쳐져 술에 시트러스한 과일향이 난다. 류 소장은 서울 막걸리를 새롭게 즐기려면 디캔터를 사용하라고 권한다. 이렇게 하면 공기와의 접촉이 많아져 막걸리 향을 제대로 즐길 수도 있고 시각적 재미도 누릴 수 있다는 것이다.

서울양조장 류인수 대표는 "가양주연구소 교육생들이 술 빚는 체험을 할 수 있도록 교육용 양조장을 만든 것이 서울막걸리 출시 계기가 됐다.'고 말했다.

서울양조장 류인수 대표

전통주 전문교육기관 수장인 류인수 소장을 인터뷰한 것은 그가 최근 '외도(?)'를 한 때문이다. 2017년 교육용으로 가양주연구소 한편에 설립한 서울양조장이 '서울'이란 브랜드의 막걸리를 2021년 출시했다. 서울양조장 대표가 류 소장이다. 교육기관 대표 직함에는 어울리지 않게, 상업용 술을 시장에 내놓은 것이다.

국내 대표적 전통주 교육기관
'한국가양주연구소' 소장

키가 180cm가 훨씬 넘었다. 고등학교까지 축구선수였다. 2002년 한일 월드컵 '4강 신화'의 주역인 이영표, 김남일이 동년배 선수였다. 그러나 고3 때 무릎을 다쳐 축구를 포기해야 했다.

사회생활의 시작은 서울 압구정동의 한 웨스턴바 바텐더였다. 밤에 일하고 낮에 쉬는 올빼미 생활 4년 만에 바 매니저가 됐다. 어느 날, 바에 진열된 수백 병의 외국 술을 보고 의문이 들었다.

"왜 한국 술은 한 병도 없지?"

전통술에 대한 관심이 생긴 게 그때였다. '명색이 바 매니저라면 외국 술은 기본이고, 업장에서 취급하지 않는 우리 술에 대한 지식도 있어야겠다'고 생각했다. 그래서 그는 낮에 쉬는 대신 지방의 양조장, 가양주 장인들을 찾아다녔다.

하지만 직업상 외국 술에 대한 관심이 더 많았다. 특히 일본 술을 본격적으로 배우고 싶어 바텐더 생활을 하면서 일본 유학 준비를 차근차근 했다. 새벽 4시까지 업장에서 일하고, 아침 6시에 시작하는 일본어 학원 강좌를 듣고서 퇴근했다. 그렇게 2년간 일본어를 배웠다. 일본어에 대한 자신감이 점차 커졌다.

그러나 운명의 장난이었을까? 그의 일본 유학은 좌절됐다. '일본 최고의 양조대학인 도쿄농업대학에서 일본 술을 죄다 마스터할 것'이라는 부푼 꿈을 안고 유학길에 나섰을 때 그의 나이 스물여섯이었다. 하지만 석연치 않은 이유로 도쿄공항 입국심사에서 그는 '강제출국' 처분을 당했다. 유치장에 하루 갇혔다가 다음날 한국으로 돌아와야 했다. 당시 한일관계가 무척 좋지 않았던 걸로 그는 기억했다.

"일본대학 입학 전에 1년간 도쿄의 한 어학원에서 일본어를 배우려고 했어요. 어학원 등록 서류도 보여줬지만, 입국 심사 담당자는 외면했어요. 그 이유를 지금도 모르겠어요."

한 달 뒤 다시 일본으로 건너갔지만, 그의 여권에는 재차 '강제출국' 딱지가 붙었다. 눈물이 났지만 오기도 생겼다. "오냐 이놈들아. 내가 '한국 최고의 술 전문가'가 돼서, 너희 일본을 이겨줄 테니 두고 보자." 철창에서 그렇게 와신상담했다. 그리고 20년 남짓 세월이 흘렀다.

한국전통주연구소 박록담 소장과 더불어 '한국 최고의 전통주 전문가'로 불리는 한국가양주연구소 류인수 소장 얘기다.

2010년 설립된 가양주연구소는 전통술에 관심 있는 사람이라면 거의 다 교육과정을 이수했을 정도로 '전통주 교육의 메카'로 통한다. 이곳 교육생 출신으로 양조장을 차린 사례가 수십 곳이 넘는다.

그런데 그가 우리 술이 아닌 일본 술을 배우러 유학까지 가려고 했던 사실을 아는 이는 드물다. 거기에 강제출국은 또 무슨 사연일까? 만약, 그의 일본 유학이 성공했더라면? 그는 말했다.

"아마 서울 어디서 이자카야(일본식선술집) 운영하다가 이번에 코로나 된서리 제대로 맞았겠죠. 하하."

서울양조장 류인수 대표가 2021년 1월에 출시한 막걸리 '서울'은 직접 만든 누룩으로 오양주(한 번의 밑술과 네 번의 덧담금을 한 고급술) 스타일로 만들었다. 술 색상이 우유처럼 하얀 것에 착안, 패키지 병을 투명 우유병 비슷한 모양으로 정했다. 그 위에 빨간색 '크라운 캡' 뚜껑을 덮었다. 500ml 한 병 소비자가격이 12,000원선. 주점에선 2만 원쯤에 팔린다.

이뿐 아니다. 그해 겨울에 서울양조장이 내놓은 '서울 골드(알코올 도수 15도)'는 소비자가격이 무려 19만 원이다. 주점에서는 25만 원에 내놓는다고 한다. 충북 보은의 삼광미로 월 100병만 생산한다. 전남 해남의 해창주조장에서 10만 원이 넘는 '해창막걸리 18도'를 내놓은 것을 다분히 겨냥한 제품이다.

서울양조장의 막걸리는 류 대표가 쌀가루로 직접 만든 누룩인 설화곡으로 발효한 덕분에 열대과일 향이 난다. 또 막걸리 병 윗부분의 맑은 술과 침전물이 5대1 비율로, 전용 디켄터에 따르면 섞이는 모습이 시각적 재미를 더해준다. 이미 인스타그램 등 SNS에서는 '디켄터에 따라 마시는 이색 막걸리'란 글과 사진이 다수 돌아다닌다.

처음 나온 막걸리 '서울'에 대한 전통주 전문가들의 시음 평가도 호의적이다. 경기농업기술원 이대형 박사는 "첫 코에서 느껴지는 향은 바닐라, 참외 같은 다양한 과일향, 꽃향이 느껴졌다."고 했고, 대동여주도 이지민 대표 역시 "입안에서 착 감기는 우유 같은 질감을 느꼈다."고 평했다. 백곰막걸리 이승훈 대표는 "마시기 편한 느낌에, 과일향이 도드라지지만 가격이 다소 센 것이 아쉽다."고 지적했다. 1만 원이 조금 넘는 '서울'도 가격이 부담스럽다는데, 19만 원 하는 '서울 골드'는 더 말해서 뭐하겠는가?

전통주 교육기관인 한국가양주연구소는 2010년에 설립됐다. 요즘엔 '한국 술을 배우겠다'는 수강생들이 남녀노소 할 것 없이 몰려와, 일년 이상 대기해야 겨우 강좌를 들을 수 있을 정도로 붐빈다고 한다. 그런데 류인수 소장은 왜 양조장을 차렸을까? 양조장 대표가 욕심났을까? 아니면, 비싼 막걸리를 많이 팔아 부자(?)가 되고 싶었던 것일까?

이미 그를 거쳐간 수많은 제자들이, 그가 준 레시피(술 제조방법)를 받아 다양한 술을 시중에 내놓은 지 10년이 넘었다. 그런데 제자들이 만드는 술과 치열한 경쟁도 마다하지 않겠다고 상업용 술을 출시하다니? 대박을 치면 제자들에게 욕먹고, 시장 진입에 실패하면 또 얼마나 개망신인가. 이럴 줄 뻔히 알면서도 술을 출시한 그의 사연이 궁금했다.

결론부터 얘기하자면, 교육 목적(교육생들이 직접 술 양조를 할 수 있다)으

로 양조장 허가를 받았는데, 술을 출시하지 않으면 양조장 허가가 취소
된다고 해서 부득이 술을 만들어 세상에 내놓았다고 한다. 2017년에 양
조장을 만들 때만 해도 술을 출시할 생각은 전혀 없었다. 류 대표는 "가
양주연구소를 졸업한 많은 교육생들이 양조장을 창업, 술을 내놓고 있
는데, 이들에게 술을 가르친 내가 술을 만들어 판다는 게 도의적으로도
맞지 않다고 여겼다."고 말했다.

"그런데 양조장 허가를 받고 나서 2년 이내 술을 출시하지 않으면
양조장 면허가 취소가 된다는 걸 나중에 알게 됐어요. 2019년 말까지 술
이 안 나오면 양조장 운영을 할 수 없게 된 거죠. 교육용으로 양조장을 만
들었는데, 양조장이 없어지면 더 이상 교육용으로 활용할 수 없는 문제가
생겨요. 그래서 일단 1년을 연장시켰습니다. 그게 2020년 말이었죠.

진퇴양난, 이도저도 어려운 상황이 됐어요. 술을 출시하지 않으면
양조장이 문을 닫을 형편이고, 술을 출시하자니 제자들이 눈에 밟히고.
'전통주 대가는 얼마나 좋은 술을 만드는지 보자'는 주변의 시선도 부담
스러웠습니다. 전통주 전문 인력 양성기관인 데다, 그중에서도 정부의
지원을 받지 않고 상시 운영하는 유일한 기관인데, 그런 곳의 수장이 상
업 술을 만든다고 하니 주변에서 얼마나 관심이 많았겠어요.

그럼에도 불구하고 만약에 술을 출시한다면, 제대로 해야겠다고 생
각했지요. 면허 유지 목적으로 살짝 술 출시하는 정도는 안 된다고. 내가
술 제조방법을 교육하는 사람인데, 제대로 안 된 술을, 내 이름을 걸고 내
놓는다는 것은 용납이 안 됐죠. '양조장 유지를 위한 꼼수'라는 비난을 받
을 수도 있겠다 싶었어요. 그래서 '할 거면 제대로 해보자'고 해서 만든

게 이번에 나온 '서울'이란 막걸리입니다. 2021년 1월 말에 정식 출시했어요."

직접 개발한 누룩 '설화곡'으로
막걸리 '서울' 만들어

|

그는 약주, 소주가 아닌 막걸리를 선택했다.

"막걸리가 만들기 쉽기 때문에 선택했을 것이라고 생각했다면 오해입니다. 막걸리는 다른 술에 비해 굉장히 만들기 어려운 술이에요. 양조장 입장에서 가장 어려운 술이 막걸리죠. 왜 그런고 하니 기본적으로 막걸리는 효모가 살아 숨 쉬는 생막걸리인 데다 알코올 도수가 낮아 상하기 쉬워요. 그래서 막걸리는 관리하고 통제하기가 상당히 어렵습니다. 그래서 이번에 술을 출시하면서 '가장 어려운 술(막걸리)을 가장 먼저 만들었다'는 자부심이 있습니다. 또 막걸리는 도수가 낮다 보니 제조, 혹은 유통 과정에서 산패 등의 문제가 생기기 쉽습니다."

류인수 대표가 만든 막걸리 서울은 '오양주'다. 밑술에 네 번의 덧술을 더한 귀한 술이다. 오양주를 선택한 것은 누룩 '설화곡' 때문이다. 쌀누룩의 일종인 설화곡의 특성은 밀누룩에 비해 발효에 필요한 효모의 개체 수가 적다. 또 당화력이 밀누룩에 비해 떨어진다. 대부분의 양조장들이 밀누룩을 많이 쓰는 이유이기도 하다.

서울막걸리의 누룩 설화곡. 쌀가루에 하얀 곰팡이꽃이 내려앉은 모습이 눈꽃 같다 해서 붙여진 이름이다.

설화곡을 쓸 경우, 한 번 담금에 알코올 도수가 충분히 높게 나오지 못한다는 단점이 있다. 그래서 술 제조 도중에 술이 상할(산패) 우려가 높다. 그 때문에 덧담금 횟수를 늘려서(네 번까지) 원하는 알코올 도수까지 높였다는 게 류 대표의 설명이다. 효모를 최대한 증식시켜서 술을 빚다 보니 오양주 방법이 설화곡의 단점(당화력이 낮다)을 해결할 수 있는 제조 방법이 된 것이다. 누룩의 단점을 제조 방법(오양주)을 통해 극복한 사례다.

덧술을 네 번이나 한다는 것은 그만큼 품(정성)이 많이 들어간다는 것이고, 제조원가가 높아진다는 얘기도 된다. 발효 잘 되는 밀누룩을 쓰지 않고, 당화력이 떨어지는 설화곡 누룩을 굳이 고집한 이유가 궁금했다.

"내 책 《한국 전통주 교과서》에도 언급했지만, 나는 '자기 누룩을 쓰지 않을 거면 양조장도 만들지 말라'고 했어요. 술은 미생물(누룩)이 만드는 것인데, 양조장만의 미생물을 갖고 있지 않으면, 그 양조장의 특성은 없다고 봐야 하죠. 시중에서 파는 똑같은 누룩을 사서 술을 빚으면, 그 누룩을 쓰는 양조장 술에 어떤 차이가 있을까요? 거의 없다고 봅니다. 술은 미생물의 차이에 따라 술맛이 확연히 달라지기 때문에, 나만의 미생물(누룩)이 있어야겠다는 생각에서 '나만의 누룩'을 고집하게 됐어요. 설화곡은 내가 만든 누룩이고 '서울'은 설화곡을 사용한 유일무이한 막걸리입니다."

명품 막걸리는
설화곡으로 탄생

|

'내 누룩이 있어야 내 술이 있다'는 누룩 예찬론자인 류인수 대표. 자신이 만든 누룩인 설화곡을 쓰기 위해 제조법이 까다로운 오양주를 마다하지 않았다는 얘기다. 이제 본격적으로 '류 대표의 누룩'이자 '서울 막걸리의 누룩' 설화곡에 대해 알아보자.

"설화곡은 10년 전부터 교육생들에게 교육했던 누룩입니다. 다 알려진 누룩이죠. 단지 아무도 이 누룩을 상업화하지 않았을 뿐입니다. 이 누룩은 만든 계기가 재미있어요. 누룩을 만들려고 한 게 아닌데, 실수로 만들어졌지요.

밑술을 만들려고 쌀가루(밑술로 죽이나 범벅을 만들기 위해 쌀가루를 사용한다)를 용기 안에 넣어두고, 깜빡하고 2~3일 정도 방치했어요. 친구들과 밖에서 술 마시다가 잠시 잊어버린 탓이죠. 아차 싶어서 용기를 열어봤더니, 쌀가루에 곰팡이가 피어있는 게 보였어요. 그래서 망쳤다고 생각하고 버리려고 하다가 문득 깨달았죠. 어차피 누룩은 곰팡이를 피워 만드는데, 이렇게도 누룩을 만들 수 있지 않을까? 그렇게 만들어진 누룩이 설화곡입니다. 옛 문헌에도 나오지 않은 누룩이에요. '눈꽃 같은 누룩'이라는 이름도 직접 지었습니다. 그게 16년 전 일이에요. 가양주연구소를 만들기도 전입니다.

설화곡은 기본적으로 당화는 되는데 알코올발효하는 힘이 부족해요. 효모 개체 수가 밀누룩에 비해 적었죠. 하지만 효모를 증식하는 게 목적인 덧술을 여러 번 하면 당화력이 다소 떨어지는 문제는 얼마든지 해결할 수 있어요. 덧담금을 하면서 찹쌀과 누룩을 계속 넣어줬습니다.

다만, 오양주다 보니 술이 완성될 때까지 한 달 이상 걸리는 문제가 있어 그동안 설화곡을 사용할 엄두를 누구도 내지 못했던 것 같습니다. 그럼에도 이번에 설화곡을 쓴 이유는 값어치 때문입니다. 어느 정도 가격이 있는 술이라면, 그 값에 어울리는 값어치가 있어야 합니다. 이 술을 '프리미엄 막걸리'라고들 하는데, 나는 그보다 한 단계 위인 '명품 막걸리'라고 생각하고 만들었습니다. '프리미엄 술'과 '명품 술'의 차이는 '자가 누룩을 쓰느냐'에 따라 갈립니다. 시중에 '프리미엄 막걸리'로 팔

1 서울막걸리 누룩 설화곡을 만드는 과정. 2 발효가 끝난 술을 짜는(제성) 모습.

리고 있는 술 중 상당수가 누룩을 직접 만들지 않고, 외부로부터 사서 사용합니다.”

　귀한 누룩, 설화곡을 사용한 ‘서울’은 열대과일 향이 난다. 쌀이 아니라, 누룩에 있는 미생물 덕분에 열대과일 향이 나는 것이다. 류인수 대표는 “설화곡이라는 누룩 자체도 시트러스한 과일향이 난다.”며 “누룩이 갖고 있는 유기산이 풍부한 과일향을 느끼게 하는데, 쌀의 잔당과 유기산이 합쳐져서 열대과일 향을 낸다.”고 말했다.

　그가 만든 막걸리 ‘서울’의 또 다른 특이점은 디켄터 사용을 권한다는 점이다. 디켄터가 무엇인가? 와인을 병에서 잔에 곧장 따르기 전에 옮겨 담는 유리용기를 말한다. 디켄터를 이용하면 일반적으로, 와인향이 잘 우러난다. 병 속에 오랫동안 잠자던 와인이, 공기와의 접촉이 많아지기 때문이다. 그런데 막걸리에 디켄터라니? 우리는 막걸리 병을 딸 때, 미리 약하게 흔든다. 위에 떠 있는 맑은술과 아래에 깔려 있는 고형의 침전물이 잘 섞이도록 하기 위해서다.

막걸리에 디켄터를 사용하는 것도 막걸리 병을 따기 전 흔드는 것과 별반 차이가 없다. 맑은술과 침전물이 고루 잘 섞이도록 하기 위해서이다. 그런데 류 대표는 '서울' 막걸리 마실 때, 디켄터를 사용하는 것과 막걸리 병을 따기 전 흔드는 것과는 차이가 크다고 말했다.

"첫 번째, 디켄팅을 하면 공기와의 접촉이 많아져 술 자체의 향을 제대로 즐길 수 있어요. 병입한 후, 술병 안에는 공기가 많지 않아요. 그래서 술 뚜껑을 따지 않은 상태에서 술을 흔들면 침전물과 맑은술, 그리고 그 안에 있는 소량의 공기가 섞이는 정도에 불과합니다. 반면, 디켄팅을 하면, 술이 디켄터로 옮기는 과정에 많은 공기와 접촉하지요. 그러면 술 고유의 향이 깨어납니다. 이번에 출시한 '서울' 막걸리는 디켄팅을 하면 곡물향은 물론, 과일향이 강하게 느껴집니다. 과일향은 공기와의 접촉을 통해 깨워야 우러나는 습성이 있으므로, 디켄터 사용을 권하지요.

두 번째 이점은 막걸리를 취향대로, 깔끔하거나 묵직한 맛을 조절할 수 있다는 점입니다. 막걸리는 호불호가 갈리는 술이에요. 어떤 사람은 약간 깔끔한 맛을 좋아하고, 어떤 사람은 반대로 약간 진한 텁텁함을 좋아합니다. 디켄터는 이런 취향을 해결해줄 수 있어요. 디켄터를 이용할 경우, 술병 밑에 있는 침전물을 다 따르느냐, 약간 남기느냐에 따라 술맛을 깔끔하게도 할 수 있고 진하게 할 수도 있죠. 가령, 침전물을 30%만 따르면 깔끔한 맛을 즐길 수 있고, 진한 맛이 좋은 사람은 침전물을 다 따르면 됩니다.

　세 번째는 시각적 맛, 멋입니다. '서울' 막걸리는 굉장히 크리미한 느낌인데, 디켄터에 따랐을 때 하얀 구름 같은 것이 피어나는 걸 볼 수 있어, 식욕을 돋웁니다. 이 술이 귀한 누룩인 설화곡을 사용한 오양주로 빚은 고급술이란 걸 아무리 강조해도, 뭔가 시각적 재미가 없으면 누가 이 술을 먹을까, 싶었어요. 그런데 디켄팅을 하면 맑은술에 침전물이 섞이는 과정이 정말 신기하고, 고급스럽다는 이미지를 주기에 모자람이 없었죠. 그래서 시각적인 즐거움을 느끼려면 디켄터를 사용하라는 것입니다."

　그래서 '서울' 막걸리는 전용 디켄터를 포함해서 판다. 술 용량이 500ml인 만큼 디켄터 사이즈도 같다. SNS 반응도 뜨겁다. 인스타그램에 보면 '디켄터로 마시는 막걸리', '막걸리를 디켄팅해?' 이런 글들이 많다. 그런데 류인수 대표는 "막걸리와 디켄터 조합은 우리 조상들이 오래 전부터 즐겼던 음주문화"라고 말했다.

　"우리 조상들도 '주병(술병) 문화'를 진작부터 즐겼어요. 주병이 무엇입니까? 도자기로 만든 디켄터입니다. '잘 만든 술을 예쁜 주병에 따라 마셨다'는 기록이 옛 문헌에 많아요. 주병은 고려시대에도 많았고, 조선시대에는 흔했지요.

　디켄터는 서양에서 본 딴 게 아니라, 오랫동안 잊혀졌던 '주병 문화'를 디켄터를 통해 새로 끄집어냈을 뿐입니다. 다만, 시각적인 효과를 위해 투명한 유리로 디켄터를 만들었을 따름이죠."

류 대표는 서울양조장을 차려, 본격적인 상업양조의 길을 가는 것이 한국양조대학 설립의 초석이 될 것이라고 인터뷰 말미에서 말했다.

"나의 최종적인 바람이자 목표는 우리나라에 양조대학을 만드는 것입니다. 해외의 유명 양조대학을 가보면 그 안에 양조시설이 다 돼 있고 양조교육을 할 수 있도록 돼 있어요. 제품 판매도 하지요.

그런데 우리나라 경우는 양조대학 자체가 없고, 일부 관련 대학조차도 학부 과정에 양조교육 커리큘럼이 거의 없습니다. 대학원 과정에 가서야 소믈리에 혹은 양조경영 과정 교육을 받을 수 있는 정도지요.

10여 년간 가양주연구소에서 술을 가르쳤지만, 나는 취미로 술을 배우는 사람들을 대상으로 주로 교육했어요. 하지만 제자 중 적지 않은 사람이 상업양조로 창업을 했지요. 그러나 나는 상업양조에 대한 지식이 부족합니다. 상업양조를 모르는 내가 상업양조를 염두에 두고 있는 제자들을 가르친다? 이건 넌센스죠.

서울양조장 운영을 통해 내가 상업양조를 직접 하면 상업양조에 대한 지식이 축적될 거예요. 이런 경험들을 많이 모아 양조대학을 설립하겠다는 것입니다. 내가 양조장을 차려 술 출시까지 한 것은 양조대학 설립까지 염두에 뒀기 때문입니다."

류 대표의 목표처럼 한국에도 양조대학이 생긴다면 우리 전통주 복원과 계승, 그리고 산업화에 이르기까지, 크나큰 기둥 역할을 할 것이다.

이강주는 배(이)와 생강(강)이 많이 들어갔다고 해서 조선시대부터 이강주라 불렸다.
육당 최남선은 그의 저서 《조선상식문답》에서
"평양의 감홍로, 전주의 이강고, 전라도의 죽력고가 조선 3대 명주"라고 소개했다.
이뿐 아니다. 조선 후기 실학자 서유구는 《임원경제지》에서
이강주의 주방문(제조방법)을 자세히 적었다.
이밖에도 이강주를 소개한 옛 문헌은 손가락으로는 꼽을 수 없을 정도로 많다.
이강주는 어느 전통주와 비교해봐도 만들기가 더 까다로운 술을 찾기 힘들 정도로
제조방법이 복잡하다. 증류할 때의 술덧은 일반 쌀약주와 차이가 없다.
백미와 누룩으로 약주를 빚어, 이 약주로 증류주를 내린다.
소주 같았으면 제조공정이 여기에서 끝나지만,
이강주는 사실상 여기가 제조의 출발점이나 다름없다.
증류주를 항아리에 담아 네 가지 핵심 부재료인 배와 생강, 울금, 계피를 각각 따로 넣어
일 년 정도 침출(부재료 성분이 증류주 속으로 배어 들어간다)과 숙성과정을 거친다.
네 가지 부재료가 각기 들어간 증류주를 블렌딩한 뒤 도수를 맞추고(25도)
2차 숙성을 일 년 더해야 이강주 25도 제품이 비로소 완성된다.

part 5

명인 열전

제품명, 제조장	**전주이강주(25도)** 전주이강주
색상, 질감	옅은 노란색
향	계피향 강하고 후추향 꿀향 생강향, 배향
맛	약간의 단맛과 알싸한 계피, 생강맛이 있음. 꿀의 단맛. 부드러운 목넘김. 한정식, 고기와 잘 어울리는 술.

전주이강주 25도

감홍로, 죽력고와 함께 '조선 3대 명주'로 손꼽히는 술. 전주 이강주는 쌀소주에 배, 생강, 울금, 계피 등을 넣어 일 년간 따로 침출시킨 증류주를 블렌딩해서 만든다. 블렌딩 후에도 일 년간 숙성을 더 거쳐 병입한다. 주세법상 리큐르다. 2014년에 나온 이강주 38도 제품은 배, 생강 등 부재료를 더 많이 넣고 증류도 한 번 더 해서 만든다. 총 숙성기간만 4년이 걸린다. 조정형 명인이 무형문화재 지정을 받고, 1990년부터 이강주를 빚고 있다. 영국 런던에 지사를 개설, 유럽 공략에도 적극 나서고 있다.

전주이강주 조정형 명인은 "민속주로 지정받은 술들은 이제 외국 술들과 본격적인 경쟁을 해야 한다."고
말했다.

_전주이강주 조정형 명인

서울에서 차로 3시간 정도 달려 전북 전주시 덕진구 매암길 28에 있는 '전주이강주' 본사에 도착했다. 1941년생, 한국 나이로 올해 82세인 조정형 명인(9호)이 반갑게 맞아주셨다. 그는 일제 강점기 이후 맥이 끊어졌던 이강주를 복원시킨 주역으로서, '전통주업계 1세대 맏형님'이다. 서울올림픽을 한 해 앞둔 1987년, 정부는 한국을 대표할 술 제조자를 찾아 향토무형문화재로 지정한다. 전주이강주, 문배술, 안동소주 제조자 세 분이 함께 지정됐다. 조 명인은 1996년 전통식품명인 9호로도 지정받았다. 현재 전주이강주 회장이 공식 직함이다.

쌀소주에 배, 생강, 계피, 울금 등 침출시킨
'조선 3대 명주'

평양 감홍로, 정읍 죽력고와 함께 '조선 3대 명주'로 불리는 전주이강주는 2022년 봄 2가지 '굿 뉴스'를 영국 런던으로부터 받았다.

하나는 런던의 이강주UK(이강주 영국지사)가 갖고 있던 이강주 재고가 최근 모두 소진됐다는 소식이었다. 2019년 개설한 이강주 런던 지사는 코로나 복병을 만나, 2년여 동안 제대로 영업을 못해 수출물량이 고스란히 쌓여 있었다. 코로나 탓인 줄 뻔히 알고 있었지만, 어떻게 손 쓸 방법이 없어 발만 동동 구르고 있었다.

그런데 영국 프로축구 프리미어리그(EPL)에서 활약하고 있는 '손흥민 선수 효과'로 그간 재고로 쌓여 있던 이강주 술이 한꺼번에 다 팔렸다고 한다. EPL 득점왕에 오른 손흥민 선수 덕분에 한국 제품이 덩달아 특수를 누린 것이다. 농업회사법인 전주이강주 이철수 사장은 "이강주 영국지사가 2호점 개설을 준비하고 있을 정도로 현지 시장 반응이 좋다."고 말했다. 재고가 바닥난 이강주 추가 물량도 서둘러 런던에 보냈다.

이강주는 우리 전통주 중 처음으로 유럽시장을 공략한 민속주다. 2015년 네덜란드에 대리점을 개설한 데 이어 2019년에는 손흥민 선수가 활약하는 영국에 지사를 추가로 열었다. 이강주를 일찍이 유럽시장에 내보낸 주역은 1990년 이강주를 복원한 조정형 명인(전주이강주 회장)이었다. 조 명인은 평소에 "새로 생겨나는 지역특산주 양조장들도 먹고 살려면, 이강주처럼 어느 정도 자리잡은 술들은 국내 좁은 시장만 붙들고 있지 말고, 해외시장 개척에 나서야 한다."고 말했다.

두 번째 굿 뉴스의 발원지도 영국 런던이다. 세계 3대 주류품평회인 영국 2022 ISC[International Spirit Challenge]에서 금상을 받았다는 통보를 그해 4월에 받았다. 이 대회는 세계 최고의 위스키와 주류 등을 선정해 발표하는 유명 주류품평회. 전주 이강주가 우리 술의 우수성을 알리기 위해 2019년 이강주 영국지사[LEEGANGJU UK]를 설립한 지 3년 만에 세계 3대 주류품평회에서 큰 상을 받은 것이다.

이강주가 어떤 술인가? 이강주는 조선시대 3대 명주 중 하나로서, 전통 쌀소주에 배와 생강이 들어간다 하여 이강주라 불리게 됐다. 예전에는 약의 의미인 '이강고'라 불렸다. 알코올 도수 25도의 약소주인 이

강주는 배의 시원한 청량감과 알싸한 맛을 내는 생강, 노란빛을 감돌게 하는 강황과 식물인 울금, 맵고 단 계피, 그리고 목넘김을 부드럽게 해주는 아카시아꿀이 어우러져 이강주만의 독특한 향과 맛을 낸다. 또한 마신 뒤에도 숙취가 없는 고급명주로 통한다. 이강주는 오래 둘수록 향은 은은해지고 둥근(한 가지 향이 도드라지지 않고 전체적으로 조화로운) 맛을 자랑하며, 차게 해서 마시면 더욱 좋다.

　알코올 도수가 25도인 이강주는 현재 주세법상으로 리큐르에 속한다. 쌀발효주를 증류한 원액은 알코올 도수가 40도 안팎이지만, 여기에 배, 생강, 강황 등의 약재를 오랫동안 넣어두어(침출), 알코올 도수를 최종 25도로 낮춘다.

　그런데 필자는 우연찮은 기회에 전통주 전문점에서 38도 이강주를 맛보게 됐다. '내가 아는 이강주는 25도인데, 38도 제품이 새로 나왔나?' 궁금했다. 그런데 가격을 보고는 주문이 망설여졌다. 500ml 가격이 14만 원이었다. 너무 비싸다는 생각이 들었지만, 이날 먹는 음식과 술값은 참석자들이 똑같이 나눠 내기로 한 데다, 일행들도 "이강주, 오랜만에 한번 마셔보자."고 권하기도 해서 같이 맛을 봤다.

그런데 그때 마신 술은 내가 이전에 알던 이강주가 아니었다. 우선, 술 색깔이 맑고 투명했다. 전형적인 쌀 증류주 색이었다. 내가 마셔봤던 과거의 이강주 색깔은 달랐다. 배, 생강, 계피 같은 부재료를 넣은 탓에 술 색깔이 황금빛에 가까웠다. 그런데 맑고 투명한 색상의 이강주라니? 이전처럼 부재료를 넣고도 이렇게 맑을 수 있나? 의아했다. 맛도 이전보다 순한 듯했다. 알코올 도수 38도를 감안하더라도, 한 모금 머금은 이강주는 입안을 가볍게 감싸는 듯 부드럽기까지 했다. 이전에 마셔본 이강주는 배, 생강의 향이 다소 도드라졌는데, 이번에 마신 이강주는 각 부재료의 개성이 강하지 않고 잘 조화된 느낌이었다. 그동안 이강주에 어떤 일이 있었길래 색상과 향, 맛이 확연히 달라진 것일까? 이런 궁금증들이 전주이강주 조정형 명인을 찾아간 계기가 됐다.

세 번 여과로
부재료 특성 도드라지지 않고 둥글게 어우러져

조 명인은 양조장 곳곳으로 안내하며 이강주 제조 과정을 세세하게 설명했다. 목소리는 쩌렁쩌렁했으며, 50년 이상 술과 함께 보낸 인생 역정에 대한 기억력도 거침이 없었다.

"이제는 내수 시장을 더 공략하기보다는 해외로 눈을 돌리고 있어요. 이강주가 세상에 나온 뒤로 전통주 만드는 회사들이 수백 군데가 생겼으니까요. 이들도 같이 먹고 살아야지요."

조 명인의 이 말에는 한 분야의 대가다움이 고스란히 묻어났다. 이강주가 가장 잘 나갔을 때의 연간 매출은 35억 정도였고, 지금은 20억 정도다. 전성기 때보다는 훨씬 못 미치지만, "내수는 이만하면 됐다."고 했다. 대신, 2010년 이후 미국, 중국 등 해외시장 개척에 나섰으며, 이제는 유럽시장을 노크하고 있다. 본래 도수인 25도 제품 외에 이강주 19도, 이강주 38도 제품은 수출을 염두에 두고 새로 개발한 술이라고 했다. 조 명인은 2019년 실제로 영국 런던에 직영 대리점을 열고 유럽시장 공략화를 본격적으로 전개할 작정이었으나, '복병' 코로나를 만나, 본격 진출을 미뤘다가 2022년부터 유럽 공략을 가속화하고 있다.

이강주는 배(이)와 생강(강)이 많이 들어갔다고 해서 조선시대부터 이강고라 불렸다. 육당 최남선은 그의 저서 《조선상식문답》에서 "평양의 감홍로, 전주의 이강고, 전라도의 죽력고가 조선 3대 명주"라고 소개했다. 이뿐 아니다. 조선 후기 실학자 서유구는 《임원경제지》에서 이강주의 주방문을 자세히 적었다. 이밖에도 이강주를 소개한 옛 문헌은 손가락으로는 꼽을 수 없을 정도로 많다.

이강주는 어느 전통주와 비교해 봐도 만들기가 더 까다로운 술을

찾기 힘들 정도로 제조방법이 복잡하다. 증류할 때의 술덧은 일반 쌀약주와 차이가 없다. 백미와 누룩으로 약주를 빚어, 이 약주로 증류주를 내린다. 소주 같았으면 제조공정이 여기에서 끝나지만, 이강주는 사실상 여기가 제조의 출발점이나 다름없다. 증류주를 항아리에 담아 네 가지 핵심 부재료인 배와 생강, 울금, 계피를 각각 따로 넣어 일년 정도 침출과 숙성과정을 거친다.

　　네 가지 부재료가 각기 들어간 증류주를 블렌딩한 뒤 도수를 맞추고 ⑵5도) 2차 숙성을 일 년 더 해서 병입하면 이강주 25도 제품이 완성된다. 2014년에 새로 나온 이강주 38도 제품은 증류를 한 번 더하고 2차 숙성도 3년간 한다. 이강주 38도는 숙성 기간만 4년이다. 전통주 중 가장 오랫동안 숙성을 하는 술이 이강주 38도가 아닌가 싶다. 배, 생강 등의 부재료 함량도 월등히 많다. 그래서 가격도 25도에 비해 몇 배 비싸다.

　　1990년 정부의 허가를 받아 이강주를 생산한 지 32년이 지났다. 대학 졸업 후 25년을 소주회사에서 일하다, 50세에 이강주 회사를 창업했던 조 명인도 이제 나이 80을 훌쩍 넘겼다. 지금도 이강주 제조는 조 명인의 몫이다. 20년 전에 전주이강주에 들어온 이철수 사장이 후계자 코스(현재 무형문화재 전수장학생)를 밟고 있다. 조 명인에게 우선 이강주 제조법을 물었다.

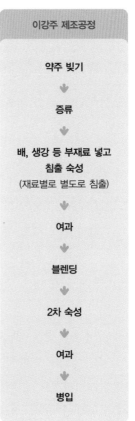

이강주 제조공정

약주 빚기
↓
증류
↓
배, 생강 등 부재료 넣고
침출 숙성
(재료별로 별도로 침출)
↓
여과
↓
블렌딩
↓
2차 숙성
↓
여과
↓
병입

　　"이강주 부재료는 크게 네 가지예요. 배, 생강, 계피, 울금. 이 재료들을 약주를 증류한 소주에 각각 따로 담가 일 년 정도 침출과 숙성을 거친 뒤 블렌딩하고 다시 숙성해서 완성하지요.

　　먼저 백미와 누룩으로 증류주 술덧인 약주를 빚는 건 여느 약주 공정과 같아요. 다음에 소주를 내리고, 그 다음에 배, 생강 등의 약재를 따로 넣어 소주를 숙성시키죠. 이 과정에서 부재료들의 침출작용으로 술에 향과 맛이 배게 되는 거예요. 재료별로 숙성시킨 술을 여과를 거쳐 블렌딩하고 2차 숙성만 3년 걸리는 제품(38도)도 있어요. 25도 제품은 후숙성을 일 년 정도 하지요. 병입 전 여과(필터링)를 하는데, 총 세 번 해요. 여과를 모두 끝낸 술은 일반 소주와 구분되지 않을 정도로 맑아요. 하지만 향을 맡아보면 부재료인 배, 생강, 계피향이 짙게 묻어나지요."

부재료들을 한꺼번에 넣으면 제조과정이 훨씬 수월할 텐데, 부재료를 굳이 각기 다른 술항아리에서 침출하는 이유가 궁금했다.

"각기 다른 항아리에 넣어 나중에 블렌딩을 하는 이유는 부재료의 함량이 때마다 다 다르기 때문이에요. 계절(온도나 습도의 차이에서 기인)마다 술맛의 차이가 다소 있지요. 때문에 계절에 따라 배나 생강이 평소보다 많이 들어가거나 적게 들어가는 경우가 있어요. 그런데 이들 부재료들을 한꺼번에 넣어 침출시키면 계절별로 생기는 미세한 맛의 차이를 해결할 수 없어요."

이강주는 25도 제품이 주력으로 매출의 60%를 차지하고 있다. 19도 이강주가 30%, 38도 이강주 비중이 10% 정도다.

10년 전만 해도 이강주는 맑은 색이 아니었다. 배, 생강, 계피 등이 들어간 탓에 술 색깔이 황금빛에 가까웠고, 부재료 향이 지금보다 더 도드라졌다. 맛도 다소 껄쭉했다. 조정형 명인의 설명은 이랬다.

"이강주 원래 제품은 지금처럼 여과를 세게 거치지 않아 다소 껄쭉했지요. 색깔도 호박색에 가까웠어요. 여과를 거치면 본래의 향들이 많이 걸러지니까요. 그런데 소비자들의 인식이나 위생법이 바뀌어 술 속에 침전물이 생기는 것을 싫어해요. 지금은 필터링(여과)을 하기 때문에 침전물이 전혀 생기지 않아 깔끔하지요. 색상도 투명한 맑은 색으로 바뀌었고요. 술 품질관리 업무가 국세청에서 식품의약품안전처로 넘어간 2014년 이후 이강주를 리뉴얼해서 총 세 번의 여과를 해요."

2014년을 기준으로 이전과 이후의 이강주가 확연히 달라진 셈이다. 값비싼 부재료들을 일 년 이상 침출시켜놓고, 정작 여과를 세게 한 탓에 부재료를 넣은 효과(향과 색상 등)가 줄어든 점은 아쉽지만, '맑고 투명한 술'을 선호하는 시장의 목소리를 무시할 수는 없었을 것이다. 이강주 맛이 과거보다 순해졌다는 지적에 대해 '시대 흐름을 받아들인 것'이라고 조 명인은 답했다.

"젊은 사람들은 지금 같은 깨끗한 색상의 이강주를 더 좋아해요. 필터링한 것도 시대 트렌드에 맞춘 것이지요. 술 사업을 오래해 보니 알겠어요. 한국인의 입맛이 희석식소주 도수 떨어지는 것 따라 변한다는 것을요. 내가 소주회사 처음 다닐 때는 소주 알코올 도수가 30도도 넘었어요. 그런데 지금은 거의 16도까지 떨어졌잖아요. 소주회사에서 도수를 낮추면 소비자들이 거기에 길들여져요. 순한 소주 맛에 길들여진 사람들은 알코올 도수 높은 독주는 점점 버거워하지요. 그래서 이강주도 필터링을 통해 다소 순해졌다고 보면 돼요."

우리 역사와 궤를 같이 해온
명주의 수난과 복원

|

이강주는 조 명인 가문에서 6대째 내려오는 가양주다. 그런데 조 명인은 이강주를 복원하기 전에 지방의 희석식소주 회사에 무려 25년을 근무했다. 왜 더 일찍 이강주 제조에 뛰어들지 않았을까?

 "전통주를 못 만들도록 법이 막고 있었기 때문에 엄두를 낼 수 없었어요. 해방 이후 전통주 제조면허를 가장 먼저 취득한 사람이 나지요. 문배술, 안동소주 두 군데가 같이 면허를 받았어요. 그 전에는 신규 허가가 전혀 없었어요. 주세법에 아예 허가를 못 내도록 규정돼 있었으니까요. 그러니 전통술을 만들고 싶어도 만들 수가 없었지요. 허가를 받기 전에 만든 것은 다 밀주인 셈이니까요. 내가 25년을 기존 술 회사에 다닐 수밖에 없었던 이유가 다 그 때문이에요.

 주세법이 개정된 것이 1990년이에요. 서울올림픽 개최를 계기로 '해외에 과시할 만한 우리 술을 만들자'는 공감대가 형성된 덕분이지요. 주세법 개정이 국회를 통과해서, 이강주, 문배술, 안동소주가 탄생한 거예요. 그때 무형문화재 지정을 받은 세 사람 중 내가 47세로 가장 젊었어요. 무형문화재 지정을 받은 것은 1987년이지만 제조면허 허가는 3년 뒤인 1990년에야 받았어요. 이강주 생산도 1990년에 시작했지요."

 조 명인은 지방 소주회사에 적을 둔 상태에서, 개인적으로 민속주 연구를 꾸준히 했다. '신규 제품 연구개발실이 필요하다'는 명분으로 회사에 연구실도 만들었다. 술 회사에 다니고 있었지만 당시에 만드는 술들이 만족스럽지 않았기 때문이다. 조 명인은 "당시 시중에 나온 술들은 수입산 주정에 물을 타는 희석식소주뿐 아니라 위스키도 원액을 전량 수입에 의존했다."며 "국산 원료를 일부라도 타든가 해야지, 전량 수입산으로 만든 술은 우리 술이 아니다."고 생각했다. 그래서 전통술 연구를 시작한 것이다.

서울대 규장각부터 문헌 자료조사를 했다. 우리나라 민속주 관련 기록을 찾는 오랜 여정의 시작이었다. 회사 사장은 '쓸데없는 짓 벌이지 말라'고 반대했지만 직원을 몰래 규장각에 보내 자료조사를 시키기도 했다. 규장각이 술 전문 자료를 별도로 모아 놓지도 않았으니, '술이란 글자만 보이면 앞뒤 장을 복사해오라'고 시켰다. 다행인 점은, 조 명인 부친이 한학자이셔서 자료를 해석해주셨다는 사실이다. 조 명인은 "당시 수집한 자료들을 모아서 술도 담아보고 책으로도 펴냈다."고 했다.

1991년 조 명인이 낸 책《다시 찾아야 할 우리의 술》서문을 보면 당시 조 명인이 얼마나 고생하며 전통주 관련 자료를 모았는지 알 수 있다.

"……잊혀진 전통주를 찾아 전국을 누볐다. 전통주 발굴을 위해 다닐 때에는 (남이 보기에) 이상한 것을 묻고 다닌다 하여 간첩으로 오인받아 경찰서 신세를 지는 등 고통스러운 일도 많았다……."

그렇다면 조 명인의 필생의 업적인 '이강주 복원'은 어떻게 성공했을까?

"이강주는 집안의 가양주라서 주방문은 익히 알고 있었어요. 회사 실험실에서 만들어봤지요. 이강주 레시피는 완성했지만, 실제 빚은 술은 수백 번이었어요. 가장 큰 실패는 술에 침전물이 많이 생기는 거였어요. 침전물 생기는 것도 시차를 두고 생겼지요. 처음에는 없던 침전물이 6개월 지나니까 생기는 게 아니겠어요? 가양주로 소량 만들 때는 괜찮다가 상품화할 목적으로 대량으로 만들면 또 침전물이 많이 생기고요. 쌀로 약주를 만들어 증류하는 소주는 만들기가 쉬운데, 이강주는 부재료가 많은 데다 시간이 많이 걸리는 술이다 보니 초기에 실패가 잦은 것은 오히려 당연했어요. 술 완성 후 오랜 시간이 지나도 침전이 거의 생기지 않도록 하는 게 관건이었지요.

침전 관련해 에피소드가 많아요. 배를 어느 크기로 자르느냐에 따라 침출 정도나 침전물 형태가 달랐어요. 한번은 배를 별 모양으로 조각내 넣었더니 별 모양 침전물이 생겨 깜짝 놀랐다니까요. 이 침전물에는 배뿐 아니라 다른 부재료들도 한데 뭉쳐 있었어요. 지금은 배를 팔등분 토막 내서 넣어요. 배 껍질은 그대로 넣고 씨 부분은 잘라 내고 넣지요. 씨 안에는 맛을 떫게 하는 탄닌 성분이 있으니까 제거해요. 이 같은 특성을 모르고 배를 통째로 믹서에 갈아 발효시켜 배술을 만든 업체들은 지금 존재감이 없어요."

증류주에 비해 도수가 낮은 약소주인 이강주는 조선시대 당시에도 알코올 도수가 25~30도 정도였을 것이다. 그런데 조 명인은 2014년, 세상에 없던 '38도 이강주'를 처음 만들었다.

"이강주는 25도로 시작했고, 2006년도에 도수를 낮춘 19도 제품이 나왔고, 38도 제품은 2014년에 만들었어요. 38도 제품은 중국, 러시아가 자극이 돼 개발한 거예요. 2010년 넘어가면서 중국 관광객들이 몰려오는데, '고도주에 익숙한 중국인 입맛에는 이강주 25도가 약하다'는 지적이 많아서, 개발한 것이 이강주 38도지요. 2010년에 중국, 러시아를 방문할 기회가 있었는데 추운 지방에는 25도 술이 아예 없었어요. 러시아에 이강주 갖고 갔더니 '음료수' 취급하는 게 아니겠어요. 충격이었지요.

그곳에는 도수가 가장 낮은 술이 38도였어요. 그래서 38도 정도는 새로 만들어야겠다고 생각했어요. 19도와 38도는 개발 당시 수출용으로 염두에 뒀지요. 2012년에 38도 개발에 들어가 2014년에 처음 출시했어요. 처음에는 국내 시판도 않고 일부 면세점에만 취급했지요."

이강주 판매는 현재 절정기를 지난 지 오래다. 한 해 매출이 35억 원까지 간 적이 있었다. 1995~1997년 무렵이 수출도 잘되고 매출이 가장 좋았다. 당시는 공급(생산량)이 수요를 따라가지 못해 매출을 더 올리지 못했다. 공장을 24시간 돌렸다. 현재는 연간 매출이 20억 정도다. 그러나 조 명인 표정은 느긋했다. "이제는 내수보다는 해외공략에 더 중점을 두고 있다."고 말했다. 코로나 때문에 주춤했던 유럽시장 진출도 2022년부터는 활기를 되찾고 있다.

한국을 대표하는 리큐르, '전주이강주'의 해외 진출은 그래서 지금이 시작이다.

제품명, 제조장	**문배술(40도)** 문배주양조원
색상, 질감	맑고 투명
향	곡물향
	과실향
	약한 수수향
맛	목넘김은 약간 자극적이나, 강하지는 않다.
	개성적인 맛과 향을 갖고 있다.
	40도의 알코올이 느껴진다.
	꼬치, 직화구이류 음식과 어울리는 술.
	북방 스타일이 느껴지는 남한의 술.

문배술 40도

전통주 중에서 드물게 잡곡인 수수와 조로 만든 증류주다. 중국의 백주 역시 수수를 원료로 쓴다. 평양 술이던 문배술은 6.25 전쟁을 계기로 남한으로 생산지를 옮겼다. 그러나 생산이 허가된 것은 서울올림픽 이후인 1990년부터다. 2000년 김대중 대통령의 평양 방문 때 건배주로 쓰인 이래, 남북한 행사 때 단골로 등장하는 술이기도 하다. 2007년 김포로 공장을 옮기면서 상압증류가 아닌 감압증류방식을 채택했다. 5대 전수자인 이승용 실장(이기춘 대표의 아들)이 유리병을 채택하는 등 문배술을 젊게 하고 있다.

문배주양조원 이기춘 대표(오른쪽)와 아들 이승용 실장.
문배술 5대 전수자가 될 이 실장은 문배술을 점차 젊게 만들고 있다.

문배주양조원 이기춘 명인

문배술은 평양소주의 맥을 잇고 있다. 평양을 비롯해 북한 지역에서 만들어져 온 소주가 6·25전쟁을 계기로 남한에서 문배주로 재탄생하게 된다. 그러나 서울에서 문배술이 본격적으로 생산되기 시작한 것은 1990년부터다. 1955년 양곡관리법 시행으로 곡식으로 만든 술 생산이 전면 금지됐기 때문이다. 이기춘 대표의 부친 이경찬 명인(작고. 문배술 3대 전수자)이 1987년 무형문화재로 지정받았지만 4년 뒤 주세법이 개정되고 나서야 문배술 생산이 시작됐다. 이기춘 대표는 문배술의 4대 계승자다. 2003년부터 문배술 양조장에서 일하기 시작한 아들 이승용 실장이 5대 전수자로 가업을 잇고 있다.

남북정상회담 단골 만찬주,
2022년 청와대 설 선물로도 선정

경기도 김포시에 있는 양조장 문배주양조원이 만드는 문배술은 국내에서는 드물게 잡곡으로 만든 증류주다. 국내 증류주는 크게 2종으로 나뉜다. 우선, 안동소주, 삼해소주, 화요처럼 쌀로 만든 증류주가 가장 많다. 그다음은 과일 증류주다. 고운달(오미자), 문경바람(사과), 추사(사과) 등이 그렇다.

그런데 역사가 1,000년 이상으로 추정되는 문배술은 쌀, 과일도 아닌 찰수수, 조 같은 잡곡을 발효시켜, 다시 증류한 특이한 술이다. 재료에 들어가 있지도 않은 돌배(문배)향이 난다고 해서 붙인 이름이 문배술이다. 중국 고급 백주에 파인애플향이 나는 것과 비슷하다고 볼 수 있다. 파인애플 역시 중국 백주 만드는 데 쓰지는 않는다. 그러나 문배술의 문배향은 누구나 맡을 수 있을 정도로 도드라지지는 않는다. 반면에 웬만한 중국 백주는 파인애플향을 쉽게 느낄 수 있다.

　　2022년 초, 문배주양조원에 기쁜 소식이 날아왔다. 퇴임을 앞둔 문재인 대통령이 2022년 설 명절 선물로 문배술을 주문해왔기 때문이다. 청와대는 특별 제작된 도자기에 담은 문배술을 선물로 돌렸다. 문배술이 청와대 명절 선물로 낙점된 것은 이번이 처음이 아니다. 2005년에도 당시 노무현 대통령이 명절 선물로 문배술을 선정, 문배술의 진가를 올려주었다.

　　사실 문배술이 청와대 명절 선물, 국빈 만찬주 등으로 쓰인 것은 일일이 꼽기도 힘들 정도로 사례가 많다. 2000년 김대중 대통령-김정일 북한 국방위원장의 역사적인 남북정상회담장에 나온 술이 문배술이다. 문배술 외에도 여러 술들이 식탁에 올랐지만 당시 단연 화제가 됐던 술은 문배술이었다. 김정일 위원장이 문배술에 대한 관심을 공개적으로 직접 표명했기 때문이다. 김 위원장이 '문배술은 대동강 물로 만들어야 진짜배기'라고 말한 것은 문배술이 본래 북한 술이었다는 것을 강조한 것이지만, 문배술의 명성을 높이는 데 김 위원장의 그때 발언만 한 것이 지금까지도 없었다. 김 위원장의 이 같은 발언으로 문배술은 갑자기 '남북 통일주'로 등극했으며 이후 진행된 여러 차례의 남북정상회담 때에도 빠진 적이 없었다. 2007년, 2018년 남북정상회담에서도 문배술은 헤드 테이블을 지켰다.

문배술이 북측과의 정상급 회담에서 빠지지 않게 된 계기는 무엇이었을까? 그 계기는 30년도 더 지난 1990년으로 거슬러가야 한다. 문배주양조원 이기춘 대표는 "1990년 당시, 강영훈 국무총리와 북한의 연형묵 총리가 서울에서 회담 후 만찬을 했었는데, 애주가로 알려진 연 총리가 '문배술 술맛이 정말 좋다'고 극찬한 것이, 북측 고위인사들이 문배술에 관심을 갖게 된 계기였다."고 말했다.

김포의 문배주양조원은 그 명성에는 어울리지 않는 '소박한' 양조장 모습을 하고 있다. 전형적인 현대식 창고의 모습이다. 고풍적이며, 기품 넘치는 한옥 건물과 술이 익어가고 있는 수백 개 술 항아리들이 즐비할 것이라고 상상했다면, 실망하지 않을 수 없는 수준이다.

문배술 정도의 전국적 지명도가 있는 양조장이라면 정부가 선정하는 '찾아가는 양조장'에도 뽑혔을 만한데, 문배주양조원은 아예 찾아가는 양조장 신청조차 해본 적이 없다고 한다. 그래서 술을 사러 오는 사람을 비롯한 외부인은 양조장 안으로 들어올 수가 없다. 시음을 겸한 판매장이 없는 것도 다른 양조장과 다른 점이다. 이기춘 대표의 아들이자, 문배술 5대 전수자인 이승용 실장은 "직원이라고 해봤자 10명 안팎인데, 외부인 대응할 여력이 없는 실정"이라며 "술 양조와 판매에만 최적화된 인력이기 때문에 외부인의 양조장 출입을 가급적 금하고 있다."고 말했다. 술은 공기오염에도 예민한 식품인데, 외부인 출입이 허용되면,

문배술은 찰수수, 조 같은 잡곡으로 만든 증류주.
아래 사진은 김포 양조장 인근의 수수밭. / 문배양조원

술 생산에 좋지 않은 곰팡이균들을 양조장에 퍼뜨릴 위험이 있다는 점도 감안한 조치라고 한다.

그나마 최근 달라진 점이 있다면, 양조장 앞마당 한쪽에 화덕과 나무데크(바닥)를 설치했다는 점이다. 화덕에서는 문배술을 소줏고리에 내리는 술 빚기 시연을 할 수 있고, 나무데크에서는 소규모 인원을 초청, 식사를 할 수 있도록 했다. 하지만 코로나가 여전해, 여태껏 활용을 제대로 못하고 있는 실정이다. 이승용 실장은 "지금은 대형탱크에서 감압 증류방식으로 문배술을 증류하고 있지만, 전통 소줏고리에서 상압증류 방식으로 내린 문배술과 그에 어울리는 음식을 함께 즐기는 행사를 이곳에서 할 생각"이라고 말했다.

수수, 조로 발효시킨 뒤 증류,
배향 난다 해서 문배주

|

문배주양조원을 운 좋게 방문하더라도, 술 빚는 현장을 직접 둘러보기는 쉽지 않다. 일 년 중 두 차례만 술을 생산하기 때문이다. 문배술은 봄에서 초여름까지, 4월부터 6월까지 1차 생산을 한다. 2차 생산은 추석명절이 지나서 시작한다. 가령, 추석이 9월이면 10월초부터 11월말까지 생산한다. 일 년에 6개월 정도만 생산하는 셈이다. 한여름이나 한겨울은 술 발효가 잘 안 돼서 좋은 술을 만들기 어렵다는 이유로, 술을 빚지 않는다. 그래서 이승용 실장에게 문배술 제조 과정 소개를 부탁했다.

"문배술은 찰수수와 조를 발효한 후 증류해 얻은 순수 증류주입니다. 일체의 첨가물(설탕, 감미료 등)을 사용하지 않아, 맑고 깨끗하면서도 입 안 가득 긴 여운이 남지요.

쌀은 알코올 도수 23도, 25도 제품에만 일부 들어갑니다. 도수 낮은 제품에는 수수 양을 조금 줄이는 대신, 그만큼 쌀이 들어갑니다. 오리지널 문배술(40도) 향이 좀 강하다 보니, 이를 부담스러워하는 소비층을 염두에 두고, 쌀을 첨가해 마일드하게 만들어보고 싶어서 도수 낮은 제품을 만들었어요. 23도 제품은 마트용, 25도 제품은 식당, 주점용으로 만들었습니다. 주력 제품인 40도 문배술에는 쌀이 들어가지 않아요. 발효는 15일 정도 하고 증류 후에는 6개월~1년 정도 숙성을 거쳐 병입합니다."

현재 문배주양조원은 100% 계약 재배를 통해 원료를 공급받고 있다. 조, 수수는 80%를 강원도에서 가져온다. 수매할 때마다 직원이 현장에 가서 중량을 체크하고 찬찬히 검사를 한다. 이승용 실장은 "수수 10~20%는 공장 주변 밭을 이용해 직접 재배를 하는데, 병충해라든지 작황 등 계약 재배 지역에서도 여러 변수가 있을 수 있기 때문"이라고 말했다.

문배주양조원이 지금의 김포로 옮긴 것은 2007년이다. 이전에는 서울 연희동에 양조장이 있었다. '문배술 김포 시대'의 가장 큰 차이는 '문배술 연희동 시대'와 다르게, 증류 방식을 바꿨다는 점이다. 연희동 양조장에서는 전통 방식인 상압증류를, 김포 양조장으로 옮기고 나서는 감압증류를 하고 있다. 문배술 양조장 안으로 들어가면 2~3층 높이의 감압증류기를 볼 수 있다. 20톤 규모라고 하니, 국내 최대 수준이 아닐까 한다.

상압과 감압의 가장 큰 차이는 술이 끓는 온도다. 일반 대기압 상태에서 증류하는 상압방식에서는 약 90도 근처까지 온도가 올라가야, 술이 수증기로 빠져나오기 시작해, 냉각 과정을 거쳐 다시 액체 상태로 술이 모아진다. 이 술이 증류 원액이다. 끓는점이 높은 상압증류방식의 단점은 탄내가 날 수 있다는 점이다. 거의 100도까지 온도가 상승하기 때문에 고체 성분이 섞여 있는 발효주 찌꺼기가 탈 수 있기 때문이다. 반면, 상압증류의 장점은 술의 원료가 갖고 있는 다양한 향들을 증류 원액에 고스란히 담을 수 있다는 점이다. 반면에, 향이 거칠어 오랜 숙성을 거쳐야 상품화가 가능하다.

감압증류는 강제적으로 증류탱크 안의 기압을 낮춰, 탱크 안 온도가 40~50도 정도만 되더라도, 증류가 시작된다. 상압방식보다 낮은 온도에서 증류주가 나오기 때문에 탄내가 없고, 생산성(수율) 또한 월등하다는 이점이 있다. 반면에 낮은 온도에서 미리 끓기 때문에, 높은 온도(고비점)에서 생기는 향들이 생기지 않아, 상대적으로 향의 깊은 맛이 상압증류방식보다는 덜하다. 하지만 향이 강하지 않기 때문에 맛이 담백하고, 또 오랜 숙성을 거치지 않고서도 상품화가 가능하다. 대량생산에 더 적합한 방식이 감압증류방식이다.

문배술이 감압방식으로 증류방식을 바꾸고 나서 시장의 반응은 두 가지로 나뉘었다. '이전보다 술이 담백, 깔끔해졌다'는 호평이 있는 반면에, '문배술 특유의 깊은 향이 사라졌다, 이전에는 쉽게 맡을 수 있었던 문배향을 더 이상 느낄 수 없다'는 평도 만만치 않았다. 특히, 술깨나 마신다는 꾼들 사이에선, '언제부터인기 문배술 술맛이 변했다'는 애기가 지금도 적지 않다.

그래서 문배주양조원에서 만난 이기춘 대표와 이승용 실장에게 감압증류방식을 택한 이유를 물어봤다. 이기춘 대표는 한마디로 품질에 문제없다는 대답이었다.

"남한으로 내려오기 전, 평양의 평천양조장 시절부터 실험실에서 감압증류를 해보기도 했어요. 김포공장은 대량생산에 용이한 감압증류기를 설치했습니다. 문배술 향을 내는 데도 감압은 문제가 없어요."

아들인 이승용 실장은 다소 신중한, 그러면서도 보다 구체적인 대답을 내놓았다.

"대량생산이 감압을 선택한 가장 큰 이유가 맞습니다. 하지만 소줏고리(상압)로 문배술을 증류하는 연구를 지금도 매년 하고 있어요. 그런데 시대 상황이란 게 있어요. 문배술이 이전에는 지금보다 향이 진했습니다. 그런데 지금 소비자들은 강한 향을 못 받아들이지요. 그래서 다소 향을 부드럽게 내기 위해서는 상압증류보다는 감압증류가 낫겠다는 판단을 했습니다. 그래서 김포공장 때부터 감압을 쓰고 있습니다.

또 하나 의견이라면 감압을 한다고 해서 그냥 단순하게 감압을 하는 게 아니에요. 압력 세기 조절을 하고 있습니다. 감압이라 하면 강제로 공기를 뽑아내 증류탱크 안의 압력을 평상시보다 낮게 하는 것인데, 감압을 하더라도 압력을 어느 정도 낮추는 게 문배술 품질에 가장 좋은지가 관건입니다. 그래서 기압을 확 내리는 것이 아니라, 적절한 압력조절 포인트를 파악해서 시행하고 있어요. 그 적절한 포인트를 아는 데 15년 정도가 걸린 것 같아요. 상압을 했을 때와 비슷한 향을 내도록 노력도 많이 했습니다. 감압을 하면서도 상압의 장점을 살리고자 한 거죠. 그래서 지금은 좋은 품질의 문배술이 보다 안정적으로 나올 수 있게 됐습니다."

감압으로 내린 문배술의 반응은 전체적으로는 호의적이다. 우선, 국빈급 행사에서 문배술이 빠지지 않고 있고, 그럴 때마다 문배술의 일반 판매도 날개를 단다. 현재 연간 매출은 40억 원 안팎이라고 한다. 한참 후발주자인 화요가 연간 500억 이상 매출을 올리는 것에 비해서는 '초라한 실적'이라고 할 수도 있지만 정작 문배술 측은 느긋한 표정이다. 문배술 이기춘 대표는 "천년을 이어온 문화유산인 문배술 기능보유자는 매출을 크게 키우는 것보다 보전 전수가 더 중요하다."고 했다. 전통(문배술 제조기능 보전 전수)이 산업화(매출 키우기)보다 더 중요하다는 게 이기춘 대표의 견해다. 사실, 우리나라 전통주 산업은 현재 전통과 산업화의 경계선상에 있다. 전통 계승만 고집하면 대중화에 실패해 양조장 문을 닫게 된다. 반대로 대중화만 좇다 보면 전통을 잃게 된다. 문배술은 나름, 전통과 산업화 두 마리 토끼를 다 잡았다는 자평이다.

이기춘 대표의 믿는 구석은 아들인 5대 전수자 이승용 실장이다. 언론사 기자로 일하다 2003년 '가업을 잇겠다'며 문배주양조원에 근무하기 시작했다. 벌써 20년이 다 돼간다. 아직 '실장'이란 직함을 달고 있지만, 사실상 대표 역할을 해온 지 오래다.

이승용 실장의 가장 큰 기여는 '문배술이 많이 젊어졌다'는 점이다. 도지기 일색이던 문배술 용기를 투명 유리병으로 바꾸고 알코올 도수도 크게 내려, 젊은 층에서도 선호하는 술로 자리잡게 만든 주역이 이승용 실장이다.

문배술 패키지는 오랜 시절 동안 도자기병이었다. 안동소주, 전주 이강주 같은 명인 민속주들과 마찬가지였다. 그런데 언제부터인가 이런 도자기병에 든 전통술들에는 '낡았다(old)'는 이미지가 씌어져 있었다. 그러다 보니 '명절에만 반짝 팔리는 술', '주점에서는 취급하지 않는 술' 등의 이미지가 쌓여갔다. 다음은 이승용 실장의 얘기다.

"2010년쯤부터 해왔던 고민이 '문배술은 마트에는 있는데, 주점에는 왜 취급하지 않나?'였어요. 위스키 매출은 마트보다는 업소에서 발생하는데, 왜 문배술은 그게 안 되나? 그런 고민을 하면서 음식점들을 많이 다니고, 다른 술들도 많이 마셔봤죠. 문배술이 갖고 있는 강한 향은 옛날에는 숨기고 싶었습니다. 당시 박람회에서 문배술 시음을 해보면 젊은 층에서는 '너무 독하다'는 반응이 대부분이었어요. 심지어 내가 보는 자리에서 술을 삼키지 않고, 뱉고 나가는 사람도 있었지요. 그래서 행사장 시음을 하면 풀이 죽기 일쑤였습니다.

도자기병은 안에 든 술이 안 보입니다. 어떤 느낌의 술인지 따라 봐야 알 수 있죠. 진작 투명 병으로 못 바꾼 것은 시각적으로 너무 강할까 봐였습니다. 독한 술이라는 걸 감추고 싶어 했기 때문에 도자기병을 버리지 못한 겁니다. 초기에 쓴 유리병도 맑은 투명 색이 아니라, 초록색 병, 반투명 병이었어요.

그런데 2014년부터 달라졌어요. '아예 문배술을 다 보여주자, 문배술의 캐릭터를 숨기지 말고 보여주자'고 영업 전략을 바꾼 거죠. 그래서

문배술은 유리병 용기에 담고부터는 '젊어졌다'는 얘기를 많이 듣는다. / 해외문화홍보원 김순주

개발한 것이 유리병 제품이었습니다. 이게 우리 술을 알리는 데 가장 중요하다고 생각했어요. 2014년은 문배술이 한 단계 도약하는 터닝포인트였다고 생각해요. 도자기병은 술집에서는 거의 취급하지 않았지만, 유리병 제품은 환영받았어요. 그 이후부터는 문배술과 음식과의 페어링이라든지 주점 진출도 탄력이 붙었지요. 여지껏 시도하지 못했던 이자카야에도 유리병 문배술이 들어가기 시작했습니다."

10년 전만 해도 문배술을 취급하는 주점은 전국에 100곳도 되지 않지만 지금은 1,000곳도 훨씬 넘어, 취급업소 파악 자체가 어렵다는 게 이승용 실장의 설명이다. '젊어진 문배술', '소용량 문배술'은 특히 주점에서 반응이 폭발적이다.

최근 들어 이 실장이 또다른 공을 들이고 있는 것은 '협업 작품'이다. 유명 화가의 작품을 문배술 병 라벨에 쓰는가 하면, 비무장지대 물을 쓰는 생수로 문배술을 빚어 판매하기도 했다.

'장욱진 화백 아트콜라보 제품'은 2021년에 이어 2022년에도 진행됐다. 장욱진 화백의 향토성과 천년을 이어온 문배술의 전통성을 접목해, 대한민국의 문화유산을 널리 알리기 위한 협업 작업이었다. 반응은? 행사를 조기에 종료해야 할 정도로 준비된 제품이 초기에 전량 소진됐다. 2021년에는 장욱진 화백의 '나날이 좋은 날' 그림을, 호랑이띠 해인 2022년에는 '호작도' 그림을 문배술 라벨에 담았다.

롯데칠성의 생수 아이시스와 문배술 콜라보 핵심은 '물'이었다. 경기도 최북단 비무장지대^{DMZ} 인근의 평화공원에서 뽑은 아이시스 물로 문배술을 빚었다. 일부 제품이긴 했지만, 비무장지대 물을 술 생산에 사용한 것은 애초에 대동강 물로 빚은 문배술의 '뿌리'를 기억하겠다는 문배술 측의 의지의 표명이기도 했다.

2000년 남북정상회담장에서 김정일 국방위원장이 "문배술은 대동강 물로 담아야 제대로 된 문배술이라고 할 수 있다."고 언급한 것이 계기가 돼, 실제로 문배술 측은 수차례 북측에 문배술 공동생산 사업을 타진하기도 했다. 이기춘 대표가 이를 위해 북한을 방문하기도 했지만, 결국 무산이 됐다. 그의 말을 들어보자.

"문배술 남북공동 생산은 청와대 관심 사안이었습니다. 그러나 북한에서 물을 가져와서 남한에서 술을 만든다는 게 현실적으로 불가능했어요. 노무현 대통령 때는 청와대 지시로 북한을 방문한 적도 있지요. 국정원 직원들과 개성공단을 통해 평양으로 갔습니다. 북한 사람들은 이 사업을 대동강 물장사하듯이 생각했어요. '대동강 근처에 양조장을 새로 지어 문배술을 만들라'는 거였지요. 그런데 북한에 양조장을 짓겠다고 하면 우리 정부가 허가해 주겠습니까? 우리 입장에서도 북한에 양조장을 짓는다는 건 여러 가지 부담이 컸고요 그래서 결국은 무산됐습니다."

하지만 문배술 측은 '대동강 물로 문배술을 만들겠다'는 계획을 포기하지 않았다. 문배주양조원 이기춘 대표는 "남북 공동생산은 양쪽 정부가 협조해주지 않으면 성과를 볼 수 없는 사안"이라며 "시간이 걸리더라도 계속 추진해나갈 방침"이라고 말했다. 윤석열 정부의 남북 관계가 앞으로 어떻게 발전해 나갈지도 '대동강물 문배술'의 미래에 적지 않은 영향을 미칠 것으로 보인다.

제품명, 제조장	**명인안동소주(45도)** 명인안동소주
색상, 질감	맑고 투명
향	불향, 쉰 향 구수한 향 흙향, 곡물향
맛	가장 전통적인 맛을 느낄 수 있는 소주. 강렬한 느낌의 알코올을 느낄 수 있는 술.

명인안동소주 45도

식품명인 박재서 명인이 빚는 증류식 소주로 안동소주의 대표주자. 지금도 박재서 명인이 현역으로 양조에 관여하고 있다. 아들 박찬관 대표가 양조장 경영을 책임지고 있으며 손자 박춘우 팀장도 양조를 하고 있어 3대가 함께 술을 빚는 드문 경우다. 약주 증류, 저온 숙성, 감압증류 등을 채택, 탄내가 거의 나지 않는다. 35도 360ml 제품의 소비자가격이 7,950원일 정도로 가격이 착하다. 2021년 청와대 설 선물로도 채택됐다.

명인안동소주 소개

명인 안동소주는...

우리나 있는 유일한 명가의 술입니다. 안동소주가 700여년
전 나라에 전해지면서 소주 역사가 시작되었고,
500년의 전통을 이어온 안동소주 여대손인
성을 그대로 이어 만든 오
다.

세계 견줄 수 있는 대한민국 대

람들이 우리나라를 대표하는 술이
라 대표 술 이라고 할 수
우리나라에는
등 모두
계적

국가지정 명인이 만드는 진정한 안동소주입니다

박재서 명인은 1995년 7월 15 전통식품 명인
습니다. 안동소주 전통의 로 이어왔
통식품명인으로 지정 도 로 부터
있습니다.

건강을 먼저 생각합니다.

역사적으로 안동소주는 양반
맛과 향을 간직하고
이들이 많이
주)와는
강을

명인안동소주를 만드는 양조인 가족. 왼쪽부터 손자 박춘우 팀장, 박재서 명인(회장), 아들 박찬관 대표.

명인안동소주는 대한민국 전통 식품명인 제6호 박재서 명인이 빚는 증류식 소주다. 지금은 아들 박찬관 대표가 술 제조와 경영 전반을 책임지고 있으며, 손자 박춘우 팀장까지 양조장에서 일하고 있다. 박재서 명인(회장), 아들 박찬관 대표, 손자 박춘우 팀장까지 '3대'가 명인안동소주를 만드는 셈이다. 전국에 1,000개가 넘는 양조장이 있지만, 3대가 같이 술을 빚는 경우는 이곳 명인안동소주 말고는 찾아보기 어렵다.

'500년 역사'
집안 가양주를 상품화

|

명인안동소주, 민속주 안동소주, 안동소주 일품, 양반 안동소주⋯⋯. 안동에는 '안동소주'란 이름으로 증류식 소주를 생산하고 있는 양조장이 아홉 군데나 된다. 이중 유일하게 청와대가 선택한 술이 명인안동소주다. 명인안동소주는 2007년 노무현 대통령의 남북정상회담 때 만찬주로 선정됐을 뿐 아니라, 문재인 대통령이 2021년 설 명절 선물로도 선택했다. 경북 지역에서 만드는 술 중 지금껏 청와대 명절 선물로 선정된 것은 명인안동소주가 유일하다.

명인안동소주는 그 역사가 500년 전으로 거슬러 올라간다. 안동 반남 박씨 집안의 가양주로 500년 동안 내려오다가 반남 박씨 25대 후손인 박재서 명인이 1992년부터 상업양조를 시작했다. 올해로 만 30년이 됐다. '1대' 박재서 사장(지금은 회장)은 1995년 식품명인 제6호로 지정받았다.

명인안동소주는 여타 안동소주와는 어떻게 다를까? 명인안동소주 측은 안내 팸플릿에 '100% 우리 쌀로 빚은 증류식 소주로, 3단 담금(삼양주법)과 장기 숙성을 거쳐 그 맛이 깊고 부드러우며 음주 후 뒤끝이 깨끗하고 숙취가 없는 것이 특징'이라고 적고 있다. '3단 담금(삼양주법)'이란 한 번의 밑술과 두 번의 덧술을 거쳐 발효를 마무리한 뒤 맑은술 약주만 떠서 증류했다는 의미다. 이와는 달리, 대부분의 양조장들은 약주가 아닌, 막걸리 상태의 술 전체(약주 포함)를 증류한다. 약주를 증류하는 것이 명인안동소주의 첫 번째 차별화 포인트다.

약주를 증류하는 것과 막걸리를 증류하는 것은 어떤 차이가 있을까?

우선 알코올 도수에서 적잖은 차이가 있다. 명인안동소주는 약 40일간 발효를 진행, 알코올 도수가 약 20도까지 올라간 약주(발효가 끝난 술 윗부분의 맑은술)를 증류한다. 그러나 다른 양조장에서 흔히 하는 방식인 막걸리 증류의 경우, 증류 직전의 막걸리 알코올 도수는 13~14도 정도에 불과하다. 발효주를 증류하면 알코올 도수가 무조건 올라가지만, 술덧(발효주) 자체의 알코올 도수도 중요하다. 가령, 20도 약주를 증류하면 1차 증류만 해도 47도 정도의 증류주를 쉽게 만들 수 있지만, 상대적으로 도수가 낮은 막걸리를 증류하면, 증류주의 알코올 도수가 40도에 미치지 못하는 경우가 적지 않다. 이럴 경우 원하는 알코올 도수로 올리기 위해, 처음 증류한 원액을 다시 한 번 증류(2차 증류)하거나 혹은 고약한 냄새가 나는 초류(증류 초기에 나오는 증류원액), 후류(증류 끝부분에 나오는 증류원액)를 넣어서 제품화하기도 한다. 명인안동소주 박찬관 대표는 "알코올 도수 20도의 약주를 만들기 위해 발효를 40일간이나 진행한다."며 "증류 전 술덧(발효주)의 알코올 도수가 높아야 높은 도수의 증류주가 많이 나올 뿐 아니라, 술 품질도 좋아진다."고 말했다.

명인안동소주 제조공정

밑술

↓

덧술
(알코올 도수 20도)

↓

증류(맑은술을 사용하고
본류만 받음)

↓

숙성(100일)

"증류하기 전 술덧의 알코올 도수가 낮을 경우, 증류시 나오는 원액인 초류, 본류, 후류를 다 받아낼 수밖에 없어요. 원액의 알코올 도수를 최대한 높이기 위해서죠. 우리는 본류만 씁니다. 초류 10%, 후류 20%는 아예 사용하지 않아요. 중간의 본류 70%만 제품에 사용합니다. 술덧 자체가 워낙 알코올 도수가 높기 때문에 가능한 일이에요. 1차 증류만 해도 알코올 도수가 46~47도 정도예요. 그래서 우리는 2차 증류를 하지 않습니다. 품질이 좋지 않은 초류, 후류를 끊어내기 때문에 고약한 냄새도 거의 없어요. 깔끔한 본류 원액만 사용하니까요. 이것이 막걸리 증류가 아닌 약주 증류의 장점이지요. 증류주의 품질을 높이기 위해서는 발효주 자체의 도수를 높여야 합니다. 모르긴 해도, 술덧 도수가 20도나 되는 양조장은 우리 명인안동소주 말고는 거의 없을 거예요."

약주 증류 다음으로 명인안동소주의 두 번째 차별화 포인트는 '100일 숙성'이다. 명인안동소주 제조법에는 '증류 원액을 100일 숙성시킨다'는 내용이 명문화돼 있다. 오랜 숙성을 거쳐야 증류 직후의 거친 맛이 순화되고, 잡내가 날아가기 때문이다. 그러나 명인안동소주도 상업양조 초창기에는 '100일 숙성'을 몰랐다.

'100일 숙성'은 일제 때 밀주 단속을 피해 반남 박씨 며느리들이 술을 땅속에 묻어 숨긴 것에서 비롯됐다. 불시에 밀주 단속을 나오는 일본 순사의 눈을 속이기 위해 술을 땅속에 숨겨둠으로써, 의도하지는 않았지만, 결과적으로 '자연 숙성'이 되도록 한 것이다. 땅속은 땅 위보다 기온이 낮다. 저온 숙성하기 좋은 공간이다. 땅속에 묻은 이유는 일제의 밀주 단속을 피하기 위해서였지만, 저온 장기숙성 덕분에 술맛이 점점 좋아진 것이다.

그러나 식품명인으로 지정되기 전, 당시 박재서 사장은 '땅속 숙성'의 원리를 몰랐다. 그러다 보니 집안의 제조법 그대로 술을 빚었는데도, 소주의 화근내(탄내)가 심해 마시기가 부담스러웠다. 명인안동소주가 화근내 상당 부분을 잡은 것은 외부 전문가로부터 '약주 증류'와 '장기(100일) 숙성'을 배운 후부터였다. 박재서 명인은 "일제 때부터 유명했던 안동의 술 회사인 제비원표 기술자 한 분이 우리 양조장을 방문해, '증류 후에 숙성을 하면 화근내를 잡을 수 있다'고 말해줬는데, 그게 어머니가 땅에 술을 묻은 원리와 일치한다는 걸, 나중에야 깨달았다."고 말했다.

감압증류 후 100일 숙성해
탄내 없는 깔끔한 맛

|

약주 증류, 100일 숙성을 거친 명인안동소주는 점차 인지도를 높여나갔다. 안동은 물론 경상북도를 대표하는 술로 자리매김해가고 있었다. 그러다가 또 한번 '명인안동소주의 역사'에 기념이 될 만한 일대 사건을 맞게 된다. 명인안동소주는 2000년대 초반, 증류방식을 바꾸었다. 전통 증류방식인 상압증류를 10년 정도 해오다가, 감압증류방식으로 바꾼 것이다. 증류 과정에서 부득이 생기는 화근내를 없애기 위해서였다. 감압으로 바꾼 계기는 1990년대 후반 당시 이의근 경북도지사와 함께 간 일본 출장이었다. 박재서 명인의 말이다.

　　"90년대 후반으로 기억하는데, 이의근 경북도지사(작고)가, '일본에 술 팔러 가자'고 제의를 해왔어요. 그래서 도지사와 나, 경북통상(경북도청의 통상업무 담당 회사) 직원 이렇게 셋이 안동소주를 갖고 일본에 갔지요. 일본 오사카에 가서 일본인들에게 시음을 시켜주니, '화근내가 나고, 일본 술과 많이 다르다'는 반응이었습니다. '마실 때 냄새가 부담스럽다'는 것이었죠. 이걸 보고 도지사가 '박 사장, 이 술, 냄새 안 나게 할 수 없나?'라고 물었어요. 도지사 입장에서 체면을 구긴 셈이었지요. '경북 최고의 술'이라는 안동소주를 일본에 갖고 갔는데, 일본 소비자 반응이 냉담했기 때문입니다. 결국 우리 술 안동소주가 일본 술에 비해 못한 게 아니냐는 자책이 들 수밖에 없었습니다."

일본 출장을 다녀온 후 명인안동소주는 증류방식을 전격적으로 상압에서 감압으로 바꾼다. 일반 기압으로 증류하는 상압증류와 달리, 기압을 낮춘 상태에서 증류하는 감압증류를 택하게 되면, 낮은 온도에서 술을 증류할 수 있어, 탄내가 거의 나지 않는다. 다만, 높은 온도에서 증류할 때 생기는 다양한 향들이 감압 증류주에서는 느끼기 어렵다는 단점이 있다. 당시만 해도 대부분의 증류식 소주 양조장들은 전통적 소줏고리 방식인 상압증류를 택했고, 감압으로 소주를 내리는 업체는 거의 없었다. 감압증류방식은 주로 일본 소주업체들이 채택하고 있었다. '일제 침탈로 인해 우리 전통주의 맥이 끊어졌다'는 인식이 팽배한 때라, 대부분의 양조장들이 일본식인 감압증류를 택할 분위기는 아니었다. 현재도 안동소주 업체 중에는 상압증류를 하고 있는 곳이 더 많다. 그런데 명인안동소주는 20년 전에 상압 대신 감압을 선택했다.

결과적으로는 명인안동소주의 상품성이 좋아졌다. 감압증류 후에는 명인안동소주에는 화근내가 거의 사라졌다. 그러자 외국인은 물론 젊은 층 소비자들도 '술이 깔끔하다'고 좋아들 했다. 하지만 일부의 따가운 시선도 있었다. "전통식품 명인이 일본에서나 유행하는 감압증류로 안동소주를 만든다."는 비난이었다. '가짜 안동소주'라는 소리까지 들었다. 전통 증류방식인 상압을 포기하고 감압으로 바꾸었다는 이유다. 명인안동소주 박찬관 대표는 "감압증류로 바꾼 지 벌써 20년이 됐지만, 70대 이상 노년층은 여전히 '소주는 화근내가 나야 진짜배기'라고 하면서 화근내가 나지 않는 안동소주를 보고 '이게 무슨 안동소주야? 가짜다' 이렇게 말하는 분들도 있다."고 말했다.

그러나 '술의 품질을 높이기 위해서라면 상압이든 감압이든 상관

없다'는 박재서 명인의 판단은 틀리지 않았다. 주류박람회장에서는 '명인안동소주는 화근내가 안 난다'고 홍보했고, 그게 잘 먹혔다. 외국인과 젊은 층 고객에게는 감압이 정답이었다. 감압 채택 이후 명인안동소주는 매출이 크게 늘어났고, 정부의 굵직한 행사에도 자주 선택됐다. 그 첫 번째가 2007년 노무현 대통령의 평양 방문, 남북정상회담 때였다. 박재서 명인이 기억하는 일화다.

"명인안동소주는 진작에 감압으로 증류해, 화근내를 제거했지만, 대부분의 다른 안동소주는 상압을 채택, 화근내가 여전했습니다. 그래서 중앙정부에서도 '안동소주의 화근내를 없애는 것'이 고민이었죠. 그러던 차에 농림부 유통담당 국장이 과천 농림부 청사로 나를 불렀어요.
국장 방으로 가니, 대뜸 '안동소주가 최고 술은 맞지만, 화근내는 없앨 수 없나' 이렇게 묻는 게 아니겠어요? 그래서 내가 대답했죠. '이미 우리 명인안동소주는 화근내 같은 잡내는 진작에 없앴다. 그런 냄새 안 난다'고요. 하지만 믿지 않길래 국장 방에서 즉석 시음회를 가졌습니다. 그제서야 국장이 '정말이네, 이 안동소주는 냄새가 안 나네'라고 인정했지요. 그 직후에 청와대로부터 납품 통보가 왔어요. (남북정상회담 여는) 북한에 가져간다고요. 그때부터는 정부에서도 우리 술, 명인안동소주는 탄내가 안 나는 것을 인정하게 된 거죠."

화근내를 없애기 위해 감압증류방식을 채택한 덕분에, 2007년 남북정상회담 만찬주, 2021년에는 청와대 설 선물 술로도 명인안동소주가 선정됐다. '가짜 안동소주'라는 비난까지 감수하면서 품질을 업그레

이드한 명인안동소주에 대해, 이보다 더 큰 보상이 있을까?

또 한 가지 명인안동소주의 장점은 '착한 가격'이다. 35도 360ml 한 병 소비자가격이 7,950원이다. 주력 제품인 45도 역시 600ml 도자기병 제품이 3만 원, 800ml 도자기병 제품도 36,000원 선이다. 워낙 가격이 착하다 보니 '주정에 물 탄 제품이지 않을까' 하는 오해도 많이 받았다. 알코올 도수와 상관없이 명인안동소주 전 제품은 증류 원액을 사용한다. 박찬관 대표는 "식당에서도 부담없이 안동소주를 즐기도록 하기 위해 35도 제품 가격을 최대한 낮추었다."고 말했다.

그러나 '아직 가야 할 길이 더 있다'는 지적도 만만찮다. 약주 증류, 100일 숙성, 감압증류방식 채택 등 다른 양조장들이 가지 않은 길을 일찍부터 걸어온 명인안동소주는 현재 연간 매출이 40억~50억 원에 이를 정도로 안정적인 경영을 유지하고 있다. 그러나 "숙성을 몇 년간 지속한 프리미엄(고급라인) 술이 없다.", "젊은 취향의 디자인 패키지 용기가 없다."는 등의 아쉬움을 보이는 소비자들도 적지 않다. 화근내를 없애기 위해 20년 전부터 상압증류 대신 감압증류방식을 택했지만, "탄 향이 부담스럽다."는 지적도 여전히 있다. 유리병 제품 디자인이 요즘 젊은 층에게는 '다소 고루하다'는 느낌도 준다.

그래서 박찬관 대표에게 물었다. "숙성 100일 말고 적어도 1~2년 이상 장기숙성을 거친 고급 제품은 왜 만들지 않았냐"고. 박 대표의 답변이다.

"고급 라인이 없다는 것은 인정합니다. 왜냐면 지금 수요도 공급이 겨우 따라가는 형편이다 보니 장기 숙성할 물량이 없기 때문이죠. 그래서 국세청에 판매량(세제 혜택을 받는 대신 판매량이 제한돼 있다)을 두 배인 200톤으로 올려달라고 거듭 요청하고 있으나, 소용이 없습니다. 지금 소비자는 19도, 22도 같은 도수 낮은 술을 원하는데, 우리 입장에서는 45도 제품이 가장 마진이 높아서 선호해요. 소비자는 자꾸 저도주를 찾는데, 100톤으로 판매가 묶여 있으니 고급 술 생산은 엄두를 못 내지요. 한마디로 말해 고급화를 하고 싶지만 현재 주세법 규정상 어렵습니다."

박 대표의 아들인 박춘우 팀장도 설명을 거들었다.

"한정 상품이긴 하지만, 18년산 안동소주 제품이 있습니다. 하지만, 소비자들이 그 값어치를 잘 인정해주지 않아요. 예를 들어 조니워커, 발렌타인 같은 위스키는 고연산 술의 높은 가격을 합당하다고 여기는 반면, 국내산 증류주를 18년 숙성한 경우는 그 가치를 제대로 평가해주지 않는다는 점도 제품 고급화에 쉽게 다가서지 못하는 이유 중 하나입니다."

1 발효탱크들. 2 일부 소주를 장기 숙성시키고 있는 오크통.

그렇다고 명인안동소주가 프리미엄 술 개발에 손을 놓고 있는 것은 아니다. 박춘우 팀장 소개로 가본 안동소주 역사전시관 지하에는 오크통이 수십 개 쌓여 있었다. 그 앞에는 오크 숙성 소주도 전시돼 있었다. 소량이지만 안동소주 일부를 항아리, 스테인리스가 아닌 오크통에 숙성하고 있었다.

박춘우 팀장은 "오크통 숙성 안동소주는 숙성방법이 다르기 때문에, '명인 마크'를 사용하지 못한다."며 "명인 소주라는 칭호를 내세우지 않고 품질만으로 승부하기 위해 오크 숙성을 7년 정도 한 뒤에 시장에 내놓을 것"이라고 말했다.

'오크 숙성' 안동소주로 또 한번 도약할 명인안동소주의 앞날이 기대된다.

제품명, 제조장	호산춘(18도) 호산춘
색상, 질감	연한 갈색
향	흑설탕향
	소홍주와 비슷한 향. 중국 장향 느낌의 술.
맛	신맛이 적고 단맛이 강하다.
	클래식한 전통주의 표본을 보여주는 맛과 향.

호산춘 18도

경북 문경의 장수 황씨 사정공파 종손인 황수상 대표가 만든 술. 알코올 도수는 18
도, 약주치고는 도수가 높다. 도수가 높다는 것은 그만큼 쌀을 많이 쓰고 물을 적게
썼다는 의미다. 밑술은 멥쌀을 쓰지만, 덧술은 찹쌀로 고두밥을 만들어 사용한다. 그
럼에도 가격은 착하다. 1989년 미국 레이건 대통령 방한 때 청와대 만찬주로 선정된
것을 계기로 상업양조를 시작했다. 신맛과 단맛이 절묘하게 어울려, 여러 잔을 마셔
도 전혀 질리지 않는다. 떠들썩하게 소문난 술은 아니지만, '재야의 고수'들은 다 아
는 술이 호산춘 약주다.

경상북도 문경의 장수 황씨 사정공파 종택에는 집안 대대로 내려오는 '문중 술'이 있다. 호산춘(湖山春)이 그것이다. 호산춘은 신선들마저 탐낼 만한 술이라 하여 호선주라고도 불렸다. 옅은 노란색을 띠고 있는 호산춘은 부드러운 맛과 짜릿한 향이 특징이다. 1991년 경북 지정 무형문화재로도 등극한 호산춘은 약주로는 드물게 알코올 도수가 18도. 대형마트에서 살 수 있는 대부분의 약주 도수는 13~15도 정도다. 전통주 업계에서는 문경 호산춘, 면천 두견주, 한산 소곡주를 '3대 18도 전통 약주'로 부른다.

고급 술에만 붙이는 '춘' 자가 들어간 가양주,
호산춘

주정에 물을 타서 알코올 도수를 조절하는 희석식소주와 달리, 전통 약주는 발효를 거쳐 도수가 정해진다. 알코올 도수가 높다는 것은, 술 발효 때 당분이 많이 생겨, 누룩 속 곰팡이들이 그 당분을 먹고 알코올을 그만큼 많이 만들었다는 얘기다. 또 발효주의 주원료인 찹쌀, 멥쌀 등의 함량에 비해, 물을 적게 넣었다는 얘기도 된다. 이러나저러나, 한마디로 '귀한 술'이란 의미다. 조선시대 시작된 술로 고급술에만 붙인다는 '춘' 자가 끝 자로 쓰인 술로 지금도 남아있는 술은 호산춘을 비롯해 몇 되지 않는다.

　장수 황씨 가양주였던 호산춘이 세상에 나온 것은 고 레이건 미국 대통령 덕분이다. 당시 청와대에서 장수 황씨 문중에 연락해 호산춘 술을 보내달라고 하니, "(우리는 술을 파는 사람이 아니니) 필요하면 직접 가져가라."고 했다는 일화는 지금도 회자된다. 1989년 레이건의 방한 때 청와대 만찬주로 선정된 것을 계기로 이듬해부터 상업양조를 시작했으니, 2022년은 호산춘 출시 32년째 되는 해다.

　호산춘을 만드는 양조장을 방문하기에 앞서 800m 정도 떨어진 장수 황씨 사정공파 종택을 먼저 찾았다. 장수 황씨 사정공파 23대 종손인 황수상 대표가 반갑게 맞아주었다. 문경시 산북면 대하1리에 자리한 이 종택이 지어진 연도는 정확하게 알려져 있지 않지만 450여 년 전으로 추정된다고 한다.

　장수 황씨 하면 떠오르는 첫 번째 인물이 황희 정승(1363~1452)이다. 영의정 자리에만 18년을 지낸, 조선의 최고 명재상으로 꼽히는 방촌 황희 정승이 장수 황씨다. 그리고 장수 황씨 사정공파의 시조는 황희 정승의 증손자인 황정 어른으로, 임금으로부터 '사정공'이란 시호를 받아, 장수 황씨 사정공파를 이끌게 됐다. 올해(2022년)는 황정 어른이 문경에 터를 잡은 지 506년이 되는 해다.

　종택 안으로 들어서면, 누구나 저절로 눈이 왼쪽을 향하게 된다. 수령이 450여 년으로 추정되는 탱자나무 두 그루가 한 그루인 듯, 오랜 세월 고택을 지켜오고 있다. 탱자나무로는 우리나라에서 가장 나이가 많

아, 천연기념물로도 지정돼 있다.

장수 황씨 종택은 황희 정승의 영정을 모시고 있는 사당인 숙청사를 비롯해, 사랑채, 안채, 별채 등으로 이루어져 있다. 이중 황희 정승 사당은 본래 이곳이 아닌 인근의 다른 곳에 있다가 옮겨왔다고 한다. 종택 건립 당시부터 있던 건물은 현재 사랑채, 별채, 안채만 남아 있으며, 나머지 건물들은 소실됐다고 한다. 다만, 안채 마당 중앙에 떡하니 자리 잡고 있는 우물은 건립 당시부터 있었다고 한다.

황수상 종손은 "조선시대 사대부 집들이 대개 우물을 외벽 바깥에 둔 것과는 드물게 종택의 안채 마당에 우물을 둔 것은, 물 기르는 일을 주로 하는 여성들을 배려한 깃으로 보인다."고 말했다. 현재 안채는 사람이 기거하지 않고 있으며, 종손인 황수상 호산춘 대표가 관리를 맡고 있다.

종택 대문을 들어서자마자 중앙에 보이는 사랑채는 서애 류성룡이 수학하면서 기거했다는 기록이 남아있다. 종택의 정확한 건립 시기가 기록에 남아있지 않지만 서애 류성룡과 동시대 인물인 칠봉 황시간(1558~1642)이 이곳에서 황희 정승의 다례제(생일 제사)를 지내며 '술과 음식을 준비했다'는 기록이 있어, 그 즈음에 건립된 것으로 추정된다고 한다.

장수 황씨 사정공파 입향조인 황정의 고손자인 황시간이 기록에 남긴 '다례제를 지내고 술과 음식을 준비했다'는 대목은 '문중 술' 호산춘의 내력과도 깊은 연관이 있다. 황시간이 조상인 황희 정승 다례제에 준비한 술이 지금의 호산춘인 것은 정확하지 않으나, 장수 황씨 집안에서는 호산춘이 '문중 술'로 등장하는 시기를 이때쯤으로 보고 있다. 종손인 황 대표의 얘기를 들어보자.

"호산춘 술이 언제 시작됐는지는 기록에 남아있지 않습니다. 칠봉 황시간 할아버지가 남긴 기록을 보면, 방촌 할아버지(황희 정승) 사당을 건립한 것과 음식과 술을 준비해서 다례제를 올리기 시작했다는 내용이 나와요. 그때부터 지금의 호산춘이 만들어지기 시작한 것인지, 차후에 호산춘이란 술이 나왔는지는 명확하지는 않지만, 제 고조모가 호산춘을 담그는 걸 아버지가 직접 보셨다고 해요. 또 가까운 과거에는 종부이신 고조모, 증조모, 할머니, 어머니까지 제주용으로 호산춘을 대를 이어 빚어오셨지요. 호산춘 역사는 적어도 200년은 넘을 것으로 보며, 칠봉 황시간 할아버지 생존 시에 호산춘이 시작됐다면 400여 년, 입향조인 황정 때부터라면 500년까지 거슬러 올라갑니다."

호산춘의 출발이 문경이 아닌 전라도 익산이란 얘기도 근거 있게 전해져 내려온다. 조선 중엽의 기록을 보면, 지방특산주로, 전주 이강주, 진도 홍주, 전라도 여산(지금의 익산) 호산춘 등이 등장하며, 실제로 전북 익산에도 현재 호산춘 술이 생산되고 있다. 익산의 호산춘은 '호리병 호'자를, 문경 호산춘은 '호수 호'자를 쓰는 차이가 있다.

호산춘 약주가 조선 초기에 시작됐을 거라는 짐작은 나름 근거가 있다. 조선 세종대왕 시절, 당시로는 농업 신기술인 이양법(모내기)이 확산되면서 쌀 수확량이 획기적으로 늘어나, 사대부 집안의 가양주 문화가 확산됐다는 것이다. 호산춘이 기록상 처음 등장하는 《산림경제》(1715년)를 시작으로, 《임원경제지》(1827년), 《양주방》(1837년) 등에도 호산춘 얘기가 언급돼 있다.

'춘' 자가 붙은 술도 드문 예다. 조선시대 춘 자가 붙은 술은 약산춘(서울), 벽향춘(평양), 호산춘 정도인데, 이중 현재까지 명맥을 이어오고 있는 술은 호산춘밖에 없다.

100일의 정성 끝에 나오는
귀한 술

장수 황씨 종택을 나와, 호산춘 양조장을 둘러봤다. 쌀을 떡이나 고두밥으로 찌는 큰 솥, 여러 개의 대형 발효탱크 등 여느 양조장과 풍경이 비슷했다. 발효조로는 이전에는 250L 항아리를 썼으나, 7년 전부터는 1,500L 스테인리스 탱크를 쓰고 있다. 이 스테인리스 탱크에는 발효 중인 술, 또 여과를 거친 후 병입 전, 안정화 단계 중인 술들이 들어 있었다. 코끝으로 전해오는 향은 자극적이지 않고 은은했다.

발효가 끝난 술은 여과와 압축을 동시에 하는 장치를 거쳤다가 한 달 남짓 안정화를 한 뒤 병입해 출시된다. 호산춘에 들어 있다는 솔잎 향은 발효탱크에서는 거의 느껴지지 않았다.

황수상 대표는 "덧술 단계에 솔잎을 분쇄해 넣지만, 천연 방부제 역할을 할 뿐 솔잎 향이 나지는 않는다."고 말했다. 생산량이 많지 않은 탓인지, 양조장은 먼저 둘러본 종택 만큼이나 고즈넉했다. 술 사러 오는 사람이 가끔 있을 뿐, 방문객도 별로 없었다.

호산춘은 이양주다. 밑술에 한 번의 덧술로 발효를 마무리하는 술이다. 제조방법은 간단한 편이다. 우선 멥쌀을 가루로 내서, 백설기를 찐다. 여기에 누룩과 물을 같이 섞는다. 이게 밑술이다.

밑술 발효는 일주일 정도. 다음은 덧술이다. 밑술에는 멥쌀을 썼지만 덧술에는 찹쌀을 쓴다. 그것도 멥쌀보다 두 배 많은 양을 넣는다. 찹쌀은 멥쌀보다 단맛을 더 낸다. 호산춘이 다른 약주보다 알코올 도수가 높은 데는 찹쌀을 많이 쓰는 것도 '한몫' 한다. 찹쌀은 가루를 낸 솔잎과 함께 섞어 고두밥을 만든다. 이러면 덧술이 완성된다. 발효가 한창 진행 중인 밑술에 이 덧술을 부어준다. 그리고 다시 한 달 넘게 기다린다. 이 과정이 2차 발효다. 밑술 발효, 덧술 발효 기간만 대략 두 달 정도 걸린다.

발효가 끝나면 찌꺼기를 거르는 여과 과정이다. 그런데 호산춘은 좀 다르다. 술이 워낙 뻑뻑해 압력을 가해 짜지 않으면 술과 고형물 찌

1 양조장 내부 시음장에 전시된 사진 하나. 호산춘 송일지 명인이 직접 맷돌로 술을 짜는 모습이다.
　호산춘은 술을 빚을 때 물을 워낙 적게 넣어 술 짜기가 여간 힘든 게 아니다.
2 황수상 대표가 들고 있는 것은 누룩틀이다.

꺼기가 분리되지 않는다. 쌀에 비해 물이 워낙 적기 때문이다. 황 대표
는 "대개 막걸리 발효에 쓰는 물의 양은 쌀의 120~160%인데, 호산춘은
쌀 대비, 93% 정도의 물을 쓴다."며 "쌀보다 물이 적은 만큼 고형물이
많이 남는다."고 말했다. 그래서 여과와 압축을 동시에 하는 필터·프레
스 장치를 술이 반드시 거쳐야 한다. 프레스 장치(압축기)가 없던 시절에
는 맷돌로 눌러 술을 짰다. 시음장 한편에는 황 대표의 어머니 송일지
명인이 직접 맷돌로 술을 내리는 모습을 찍은 사진 한 장이 전시돼 있
다. 종부인 송일지 명인은 현재 경상북도 무형문화재 호신춘 술빚기 기
능보유자이며, 종손인 아들 황수상 대표는 전수조교다.

여과·압축 공정을 끝낸 술은 다시 스테인리스 통에 들어가, 한 달을 쉰다. 이른바 '안정화' 과정을 거치면서 술의 향과 맛이 더 깊어진다. 그래서 호산춘은 '100일의 정성' 끝에 나온다고 한다. 발효 기간만 두 달, 안정화 기간도 한 달 이상 소요되기 때문이다. 여과·압축에는 하루 정도 시간이 필요하다.

'100일 정성'을 드린 호산춘은 과연 어떤 맛이 날까? 황수상 대표의 설명이다.

"호산춘은 첫맛, 중간 맛, 끝 맛 구분없이 자연스럽게 목을 타고 넘어갑니다. 한마디로 단맛과 신맛의 조화가 빼어난 술이죠. 여과를 끝내고 한 달 이상 안정화를 거치기 때문에 맛이 끊어지지 않습니다. 쌀(특히 찹쌀)에서 오는 자연스러운 단맛과, 원료가 발효되면서 생기는 신맛, 마지막에는 누룩 특유의 쿰쿰함 등이 잘 어우러진 맛이 납니다."

문경 호산춘 양조장이 생산, 판매하고 있는 술은 현재 18도 호산춘 단일 제품뿐이다. 그러나 10여 년 전부터 호산춘을 증류한 소주를 항아리와 오크통에 담아 숙성하고 있다. 오래 숙성된 것은 12년이 넘었다고 한다.

숙성 12년? 스코틀랜드 위스키도 12년 이상 숙성하면 프리미엄 위스키로 내놓지 않는가? 그런데 '화경'이란 신제품 증류주 이름까지 지어놓고도, 언제 세상에 내놓을지는 아직 정하지 않았다는 게 황 대표의 설명이다. 그 이유를 물었다.